Materials

and Interior Design

图书在版编目(CIP)数据

室内设计材料/[英]布朗,[英]法雷利著;朱蓉,吴尧译. —武汉:华中科技大学出版社,2013.7
(国际最新室内设计专业技能实践类教材)
ISBN 978-7-5609-9258-7

Ⅰ.①室⋯　Ⅱ.①布⋯　②法⋯　③朱⋯　④吴⋯　Ⅲ.①室内装饰-建筑材料-装饰材料-教材　Ⅳ.①TU56

中国版本图书馆 CIP 数据核字(2013)第 170162 号

Text © 2012 Rachael Brown and Lorraine Farrelly

Translation © 2014 Huazhong University of Science and Technology Press

This book was designed,produced and published in 2012 by Laurence King Publishing Ltd.,
London.

本书中文版由英国 Laurence King 出版公司授权华中科技大学出版社有限责任公司在中国大陆地区出版、发行。

湖北省版权局著作权合同登记　图字:17-2013-232 号

室内设计材料	[英]蕾切尔·布朗　[英]洛林·法雷利　著　朱蓉　吴尧　译

策划编辑:金　紫
责任编辑:杨　淼
封面设计:李　嫚
责任校对:封力煊
责任监印:张贵君
出版发行:华中科技大学出版社(中国·武汉)
　　　　　武昌喻家山　　邮编:430074　　电话:(027)81321915
录　　排:华中科技大学惠友文印中心
印　　刷:湖北新华印务有限公司
开　　本:889mm×1194mm　1/16
印　　张:12
字　　数:378 千字
版　　次:2014 年 8 月第 1 版第 1 次印刷
定　　价:68.00 元

室内设计材料

[英]蕾切尔·布朗　[英]洛林·法雷利　著　朱蓉　吴尧　译

华中科技大学出版社
湖北·武汉

目录

6　前言

13　第一部分　材料和室内设计的历史背景
15　1. 工业时代：设计运动及其材料
24　2. 材料的演变
26　3. 环境议题的历史影响及对材料的影响
27　4. 21世纪

29　第二部分　材料的选择
30　5. 任务书和客户
30　　视觉特征
32　　成本、质量和计划
33　6. 场地
34　　现有建筑
36　　阶段步骤：记录现有建筑中的材料
38　　阶段步骤：对场地进行感觉阅读
40　　新建筑、计划建造的建筑、施工中的建筑
41　　临时场地
41　　文脉
42　7. 理念
48　　阶段步骤：从表面到形态
50　　阶段步骤：组合材料

53　第三部分　材料的应用
55　8. 材料的特性
55　　功能特性
60　　相对特性
68　　感官特性
68　　视觉
74　　阶段步骤：了解色彩
76　　触觉

78　　嗅觉和味觉
80　　听觉
81　　环境特性
81　　具有知识性
83　　具有责任感
86　　具有创新思维
88　　主观属性
88　　个人解读
88　　社会或政治构建性解读
89　　文化解读
90　　制造者的解读
91　9. 材料细部
100　　阶段步骤：重复构件
102　　阶段步骤：记录节点和交接点
104　　阶段步骤：参观示范建筑

107　第四部分　从概念设计到实施的沟通
109　10. 通过绘画进行思考和沟通
110　11. 概念设计阶段
110　　"通过材料"进行思考
113　　"通过草图"进行思考
114　　速写本
115　　徒手草图和"绘图"
116　　阶段步骤：表现材料的氛围

查看相关研究资料请登陆：
www.laurenceking.com

118　阶段步骤：表现现有材料
120　草图模型和理念模型
122　材料语汇
123　"场所精神"样品
124　以前的图片
125　12. 扩初设计
125　绘图和模型
127　计算机辅助设计图（CAD）
129　样板和材料产品
130　阶段步骤：介绍材料样品
132　13. 细节和施工阶段
132　细节图和施工图
134　图例
135　文字表现和描述
137　原型
137　竣工及使用

139　第五部分　材料的分类、加工流程和来源
141　14. 材料的分类
144　聚合物
146　金属
148　木材和其他有机纤维
150　陶瓷和玻璃
151　石材和板岩
152　动物产品
153　复合材料
154　新兴材料和工艺
154　材料的开发
154　材料的加工
156　15. 材料的来源和资源
156　开业设计所的材料库（私人）
157　大学/机构的材料库(半私/公共)
157　材料数据库
159　商品交易会、展览、制造商展厅

161　第六部分　案例研究
162　案例1　氛围："北京九号"面馆，设计精神公司

164　案例2　品牌特征：李维斯公司国际项目，跳跃工作室
166　案例3　叙事性：合作室内设计，特蕾西·尼尔斯
168　案例4　图案和表面：装置，格尼拉·克林伯格
170　案例5　塑造空间："软墙＋软块"模块系统，莫洛设计事务所
174　案例6　回应场地的材料：教堂中的临时装置设计理念，亚历克斯·霍尔
176　案例7　可持续展示设计："大气"，探索气候科学，科学博物馆卡森·曼设计团队
178　案例8　材料细节和施工 I：粉红酒吧，杰保伯与麦克法伦事务所
180　案例9　材料细节和施工 II：弗里茨·汉森共和国家具店的楼梯，BDP（概念和设计）和TinTab（细节和施工）

182　结语
184　词汇表
185　深入阅读
186　相关网站
186　索引
191　图片来源
192　作者致谢

前言

目前，只有少量的参考书将室内设计的历史与实践记录看作一种特殊的活动，同时也缺乏相关文章倡导对室内设计进行批判性的思考。然而，一种更为完整且具包容性的历史正开始出现，而提供当代设计实践信息的新兴作家和教育工作者们也撰写出许多室内设计的文章、读物和指南。我们借助于这些参考书而著成此书，希望本书能有所贡献，特别是作为设计专业学生的资料，能帮助学生们更好学习如何在室内设计的语境中运用材料。

了解如何选择、构成和组合材料是室内设计的一项基本技能。设计师们必须能对材料的美学和功能特性进行评价，同时采用一种具有道德性、研究性和创新性的方法进行设计。他们也必须了解其所选择的材料将如何确定室内环境的特色，以及使用者有什么样的空间体验。

本书旨在探讨以下主题：材料与室内环境间的关系，同时研究在不同的语境下如何和为什么选择材料；材料的"阅读"与含义；如何对材料进行组合与应用；设计师的材料设计理念和意图如何在项目的不同阶段得以表达和交流；设计师在选材时所能运用的资源、材料类型和材料分类方法。本书还列举了材料在室内设计中进行不同应用的案例研究。

本书主要按照下列标题进行组织。

第一部分 材料和室内设计的历史背景

材料在室内环境中如何使用会受到历史、文化和自然环境，以及设计师所吸收的传统和习俗的影响。材料的用途和建造过程会随时空的不同而发生变化；设计师可以采纳或改变材料的使用惯例，这些惯例可能通过当代技术和材料而相互结合，或者被替换。当选择和组合材料时，设计师们也可以从本国的其他文化实践者身上或从画家、雕刻家、时装设计师和家具设计师等全球艺术家和设计师那里获取灵感。

本部分还介绍了对19、20世纪室内设计材料运用产生作用的一些影响因素。

对页图

2008年在法国耶尔的诺阿耶别墅（Villa Noailles）中所举行的"艺态"（étapes）展览。展览包括由布鲁利克兄弟（Bouroullec）所完成的三件产品：为克瓦德拉特公司（Kvadrat）设计的整体连接性织物拼贴"雨瓦"（左）；为维特拉公司（Vitra）设计的"水藻"（右上）和采用织物面层纸板构件作为材料的房间隔板样品"洛克"（右下）。

左上图和右上图

维罗纳（Verona）卡斯泰维奇博物馆（Caste-lvecchio Museum）（左）和威尼斯（Venice）斯塔帕里亚基金会（Querini-Stampalia Foundation）（右），充分证明了卡洛·斯卡帕（Carlo Scarpa）在历史建筑设计项目中擅长对不同材料进行选择和并置处理。

第二部分 材料的选择

当在项目初始阶段考虑室内材料时，设计师需要与客户接触，了解任务书和场地。作为任务书内容的一部分，设计师需要对客户的视觉识别、价值观、功能意向和空间需求，成本，计划，以及可持续性问题等主要设计议题和考虑事项进行讨论和确定。这个介入的分析过程中同时还包括对场地的"阅读"——这个现有的场地可能只是以图纸和模型的形式存在，或者也可能是设想中还有待确定的场所。

这些初步的讨论通常会形成一个更明确的任务书，并让设计师对设计中的机会和限制有更多了解：受这些极具创造性的参数启发，设计师们产生想法、选择材料。这时设计理念也开始浮现，并且设计师会利用已有图片、参考项目、材料样品、实验草图和模型等加以呈现。接着会进行讨论和辩论、测试备选方案、完善概念并加以发展，直到确定和达成一个清晰的设计方案为止。

在这个过程中会考虑到不同材料的配色：既有原来场地的材料，也包括室内设计时所采用的新材料。这些材料可以帮助形成设计理念和构成形式，或者可以加以组合作为对空间理念的回应（即形式追随材料或材料追随形式）。设计师们可以直接采用场地和项目任务书中的材料，也可以从这些出发点以外、从其他更广泛学科范畴中设计师的作品中汲取灵感，进行思考。

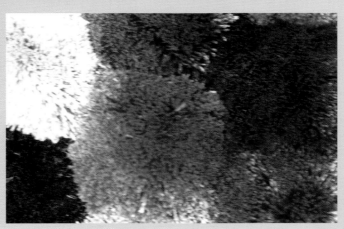

上图
"剪纸"，由迪阿克事务所设计的雅典嫣然秀坊内部展厅。在某些情况下，主要材料的选择可以形成项目的设计理念，而在其他情况下，材料的选择则是对场地或任务书的一种回应。

右上图
鲁思·莫罗（Ruth Morrow）和崔西·贝尔福德（Trish Belford）所设计的产品"Girli混凝土"（混凝土和纺织品的拼贴融合），它充分说明可以如何挑战惯例和并置不同的材料。

上图
对于材料色与质的考虑是概念发展中的一个重要部分。设计师通常从收集材料样品开始（本例中为地毯）。

第三部分 材料的应用

一旦设计概念被提出并达成一致意见，设计师便将会进入一个严格的流程——评估材料的配色及所选材料的各种美学和功能特性。这包括材料的构成、耐用性和可持续性等问题。

最终选定的这些材料将被明确要求，创造出一个紧密结合的整体、一种特定的氛围，以及在功能和感官特性上达成一种"平衡"关系。其中任何元素的细微变化或调整，都会改变人们对于室内环境的解读。

除了整体配色，设计师同时也要考虑材料如何进行并置和组装：节点细部、交接点、配件和连接件（它们通常能激发和产生设计概念，这是设计过程的开始而非结束）。

上图

斯卡帕设计的维罗纳卡斯泰维奇博物馆，大理石构件间精美的交接点细部。

下图

2009年由布鲁利克兄弟工作室所设计的巴黎和哥本哈根的"露营者"（Camper Together）品牌鞋专卖店空间。设计师充分考虑了室内互补色和对比材质的组合。

第四部分 从概念设计到实施的沟通

在室内使用和应用材料时，设计师可以采用多种方法来表达和沟通记录观察报告，通过绘图得出思考结论和发展理念、设计方案的过程。一些方法，如绘制草图，是设计师个人设计探索过程的一部分，而其他的方法，则可以用来就设计意图与客户、居住者、承包商和安装人员等更广的人群进行沟通。

当设计师针对室内的视觉品质和所选材料的性能同其他人进行交流时，可以使用徒手画的草图、标准透视图和轴线图等，也可以使用模型、计算机生成的图像和动画，以及材料样品等。

除了这些吸引人的视觉图像和人工制品外，还需要更准确的平面图和剖面图来将材料定位于环境中。完成的技术详图也能描述材料如何进行组合和构建。

在项目的施工阶段，还需要以书面形式对材料进行描述。这种书面文件通常被称为"说明书"，它包括：空间中所用材料的清单，并说明材料的来源或供应商，材料如何进行组装，以及任何需要说明的特殊问题。

左图
徒手透视图通常是与客户沟通早期设计理念时采用的最有效的方法。这张图所表现的是雷姆·库哈斯（Rem Koolhaas）与路克·瑞斯（Luc Reuse）（大都会建筑事务所，OMA）所设计的荷兰佛莱霍夫体育博物馆。

下图
由计算机生成的体育场馆视效图。

第五部分 材料的分类、加工流程和来源

材料可以采用许多不同的方法进行分组描述。可以根据其组成部分（天然的、合成的、复合的等）或其可能的应用或功能需求（即墙体、地板、顶棚等）来进行分类。此外，还有很多其他方法可以对材料进行归档分类，例如科学的、感官的或美学的分组，这些方法都可以挑战设计师的常规做法。同时，不同类型的材料也可以采用一系列传统和当代工艺流程制造完成。

大量的制造商和供应商都可以为设计师提供其在实践中所需要的材料的信息和样品。此外，设计师也可以通过书籍和网络进入有形的材料档案和文库中，这些都可以提供启示，并对材料不寻常的用途和应用提供建议。

这些文库和档案通常能将材料的科技生产与寻求新的可能性和解决方案的创新设计师联系在一起。

第六部分 案例研究

为了例证材料的特定用途，人们对许多案例进行了研究，例如如何使用材料来表达客户的品牌、价值和特征，材料的可持续使用方法，施工方法，室内设计中艺术家使用材料的方法，室内设计中使用材料的跨学科方法，以及如何通过选材营造氛围。

本页图
不同材料的选择。

编织塑料

珍珠母马赛克

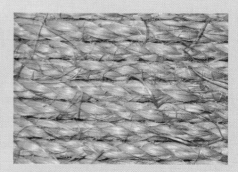
天然海草地毯

玻璃马赛克

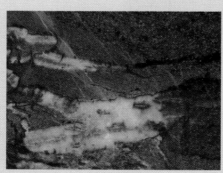
大理石

第一部分
材料和室内设计的历史背景

15　　1. 工业时代：设计运动及其材料

24　　2. 材料的演变

26　　3. 环境议题的历史影响及对材料的影响

27　　4. 21世纪

当今时代对室内设计实践来说，是一个令人激动的时代。出于环境和经济的压力，建筑物经常被再利用而不是被重建，而室内设计师们被认为具有在现有室内中进行较为棘手的介入设计的能力。此外，设计工作室经常采用一种跨学科的方法进行设计，因此，室内设计师、平面设计师、产品和家具设计师、面料设计师、艺术家及建筑师需要合作完成项目：室内设计师从事平面的工作，建筑师对产品进行细化，面料设计师和艺术家进行空间的工作。这种跨学科的设计方法允许设计跨界、不同的方法论相互转换，以产生良好的工作环境和创新的设计方法。在考虑材料如何在室内设计中运用时，尤其如此。

除了这些在实际工作中发生的变化，新技术也已经改变了设计和制造过程，产生出新一代尖端材料，具有创新思维的设计师能够将其与更多传统方法相结合，创造出激动人心的当代室内作品。

所有设计师都受到他们进行实践的特定时间和场所的影响；其设计理念在特定的文化背景中构想和完成，并通过社会的机遇和制约获得信息。设计传统得到继承，并不断吸收新的理念和适应发展的需要，来回应当代环境和使用者的需求。受到一系列社会和文化的影响，从经济、政治和科技到电影、文学、时尚和家纺，再到艺术和建筑，设计激活了人们的体验，并变得见多识广。设计师也受到前辈的影响，前辈人为接续的后辈提供了一座富含灵感与知识、可供开采的宝矿。

在本书的这个部分，我们将共同探讨这些问题在历史上是如何影响室内设计应用中材料的选择的，同时，我们也将介绍一些社会公认的对室内设计具有重大影响的关键人物。

左下图和右下图
由布鲁利克兄弟工作室在2004年设计的德国科隆（Cologne）"理想住宅"（Ideal House）展。在这个装置中，设计师将注射成型的元素(称作"藻类")相互连接，创造出一种对空间分割的感觉。

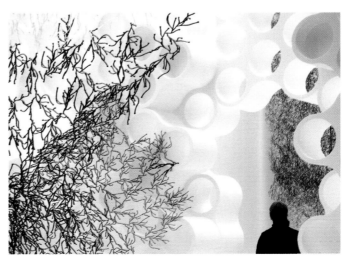

1. 工业时代：设计运动及其材料

欧洲和美国的工业革命改变了生产方式及材料在产品、家具和室内设计中的使用。制造过程变得越来越机械化，采用以煤为燃料的蒸汽动力（它取代了水车、人力、畜力作为动力的主要来源），并改进交通，为产业的发展提供了充足的矿产和原材料。这些改变尤其对钢铁生产和纺织业有深远的影响，特别是纺织业，可以生产出不同种类的面料应用于不同的领域，完全的人造材料的生产（人工合成材料）也可以追溯到这个时期。

工业革命使手工制品向大规模生产的物品，如陶瓷、家具、地毯和其他家居用品转变。壁纸和用于窗帘、室内装饰的面料的生产在之前采用手工版块雕刻印花技术，后因机械化生产和廉价苯胺染料[1]（取代了从昆虫、树叶和鲜花中提炼的天然色素）的发明而改变。这些变化都使壁纸和纺织品得到大量的生产，并具有千变万化的色彩和图案。

在这一时期，人们的生活水平也提高了，出现的中产阶级消费者将收入主要投资到他们的家庭室内设计中，他们喜欢追随时尚潮流，室内设计经常效仿社会上层的住宅风格。[2] 之前的奢侈品此时被视作必需品，与此同时一个大众消费和追求瞬间满足的时代被开启了。丰富的新颖事物让人们着迷[3]，而工业生产具有为大众市场提供良好且价格实惠的设计的潜力。

另一个由工业革命所引发的重大变化是人工照明。在使用蜡烛和煤气灯（在维多利亚时代引入家庭）的时代，通常选用深色的布料来掩盖火焰留下的污迹，而在室内会采用反光材料、镀金和镜子增强照明效果。至维多利亚时代末期，许多家庭都采用了电光源，而这大大改变了一些选材的功能和美学品质。

右下图

《午茶》，布面油画，约于1880年由玛丽·卡萨特（Mary Cassatt）绘制。画中描述了一个中产阶级的室内陈设，室内装饰了许多工业革命的产品：批量生产的纺织品、壁纸、陶器和银器。（图片来源：波士顿美术博物馆，2012年。）

1　黛博拉·科恩著，家庭用品，英国人和他们的所有物，纽黑文:耶鲁大学出版社，2006:36。
2　安妮·玛西著，20世纪的室内设计，伦敦:泰晤士与赫德逊出版社，2008:7。
3　黛博拉·科恩著，家庭用品，英国人和他们的所有物，纽黑文:耶鲁大学出版社，2006:34。

但是，并非所有这个时期的设计师和评论家都接受这些变化。约翰·路斯金（John Ruskin）（1819—1900年）是一位非常具有影响力的艺术家、诗人和评论家，他就曾感叹这个工艺生产的转变，并认为它是非人性化和不道德的：

这是路斯金对影响工艺美术运动最深的工业生产品设计的谴责。机械制造物必然是无味而艳俗的，这促使我们更加青睐手工工艺，回归手工工艺是变革的唯一可行之路。[1]

"工艺美术运动"（The Arts-and Crafts ovement）由威廉·莫里斯（William Morris）（1834—1896年）所倡导。他是一位作家、设计师和社会主义者。他认为手工制品与批量生产的人工制品不同，具有内在价值，充满其制造者的标志和思想。他和爱德华·伯恩-琼斯（Edward Burne-Jones）、但丁·加百列·罗塞蒂（Dante Gabriel Rossetti）等合作伙伴建立了"莫里斯商行"（Morris，Marshall，Faulkner & Co.）。这家公司之后成为莫里斯公司（Morris & Co.），它是手工印花纺织品和壁纸的制造商，这些物品今天仍在使用。这种对材料利用的手工制作方法也充分体现在莫里斯对自己的住宅凯尔姆斯科特庄园（Kelmscott Manor）的设计中：手工印花壁纸、作为墙面挂饰的色彩丰富的装饰性手工地毯——木工、金属工和装饰工的风格标志都清晰可见。在风格和哲学理念上，"工艺美术运动"与"哥特式复兴"（the Gothic Revivalists）存在很多共同之处，它们都倾向于复兴和美化过去。

左下图

威廉·莫里斯对手工制品的偏爱充分体现在他自己的住宅上，英格兰格洛斯特郡（Gloucestershire）凯尔姆斯科特庄园。

右下图

在查尔斯·雷尼·麦金托什设计的苏格兰格拉斯哥艺术学院中，所采用的深色木材具有一种手工制作的品质。

1　约翰·派尔著，室内设计的历史，伦敦：劳伦斯·金出版社，2000：267。

查尔斯·雷尼·麦金托什（Charles Rennie Mackintosh）（1868—1928年）是一位苏格兰建筑师和设计师，以建筑、室内和家具设计而著名。他继承了"工艺美术运动"的一些传统，这明显体现在他的使用高度手工制造材料的设计项目中，例如1902年建造于海伦斯堡（Helensburgh）的希尔住宅（Hill House）和1907—1909年建造的格拉斯哥艺术学院（Glasgow School of Art）。然而，在进行了欧洲之旅后，他同时还受到产生于19世纪90年代的欧洲大陆艺术和设计运动——"新艺术运动"（Art Nouveau）的影响，他也是这一运动的倡导者。

新艺术风格倡导采用跨学科的方法，与艺术家、设计师和建筑师开展合作，进行完全整合的室内设计和建筑设计（这种方法在当今许多设计实践中都可以看到）。其典范欣然接受了工业革命所带来的一些变化，特别是新材料的诞生：

19世纪下半叶在铁结构方面所取得的进展对新艺术运动的室内发展是至关重要的。……新艺术运动早期在家居中将金属直接暴露，这在学院派（Beaux-Arts）建筑师们采用传统风格和材料的背景下具有重要的含义。[1]

在1862年的伦敦世博会上，欧洲艺术家和设计师欣赏到大量的日本艺术品和包括漆木制品、木刻、印花布料、纺织品等在内的人工制品。虽然日本艺术和设计在西方早已颇具影响力，但这次展览（和总体上的日本风）对艾琳·格雷（Eileen Gray）（1878—1976年）、奥伯利·比亚兹莱(Aubrey Beardsley)（1872—1898年）等这个时期的和后来的艺术家及设计师产生了显著的影响。比亚兹莱所使用的流动线条和构图明显参考了日本艺术，同时他的作品又转而赋予新艺术运动的先驱设计师们以灵感，例如：比利时的维克多·奥尔塔（Victor Horta）采用外露装饰金属制品和植物形式；法国的赫克托·吉马尔德（Hector Guimard）以其巴黎地铁的设计而著名。新艺术运动的设计师们使用材料创造出有机的形态和极富装饰性、图案化的表面，这些表面具有丰富的颜色和纹理。

受到欧洲设计影响的查尔斯·雷尼·麦金托什也对维也纳分离派具有重要的影响。分离派热衷于脱离奥地利艺术和建筑所既定的实践和传统，同时他们像新艺术风格的设计师一样，模糊了"专业"的界限，旨在将绘画、设计、建筑和音乐等各种艺术整合在一起。与工艺

1 安妮·玛西著，20世纪的室内设计，伦敦：泰晤士与赫德逊出版社，2008：33。

上图
布鲁塞尔的维克多·奥尔塔博物馆餐厅中的木制品，体现了新艺术运动特有的有机形态。

下图
赫克托·吉马尔德采用装饰性的铁制品和玻璃材质，创造出独特的植物形巴黎地铁入口。

左上图
　建筑师、艺术家和设计师互相合作，于1902年设计了第14届维也纳分离派展（XIV Secessionist Exhibition）的室内，在后景中可以看到古斯塔夫·克里姆特（Gustav Klimt）所作的《贝多芬横饰带》，它是直接画在墙面上的。

左下图
　艾琳·格雷在其法国洛塔公寓的材料使用中，融合了装饰艺术和现代主义风格。本图中展示出1930年公寓重新装修后的室内，由保罗·吕奥（Paul Ruaud）设计，左边便是艾琳设计的独木舟躺椅。

右图
　家具和室内设计师埃米尔-雅克·鲁尔曼（Emile-Jacques Ruhlmann）受新艺术运动、工艺美术运动和18世纪家具设计的影响，经常采用华丽的材料，特别是稀有木材。这在这张1926年他所作的室内水彩画中得到了充分的体现。

美术运动的从业者一样，他们偏爱优质的手工制作的室内设施与装备，且将工艺品也整合在一起，创造出极具整体性和装饰性的室内空间。

　1917年，受到当时在建筑领域出现的现代主义运动和装饰艺术风格影响，艾琳·格雷在设计洛塔公寓室内空间时，设想了所有的室内元素——房间、家具和产品——创造出一个现代主义和装饰艺术风格的混合体。她采用自己设计的产品装饰公寓，其中包括独木舟躺椅、蛇椅和漆面屏风（她已经学会了如何使用日本漆艺技术）。格雷在室内还设计了其他家具，从而形成一个紧密结合的"整体"，这个室内设计和她的其他作品一起，对其同时代及以后的设计师产生了深远的影响。

　装饰艺术运动于20世纪20年代在法国获得人们认可，并逐渐对国际艺术与设计产生影响，尤其在英国和美国。装饰艺术风格受到不同种类设计风格的影响，包括非洲艺术、阿兹特克设计及埃及艺术和设计，汲取了不同种类的设计特点。1922年，霍华德·卡特（Howard Cater）发现了图坦卡蒙古墓，这激发出公

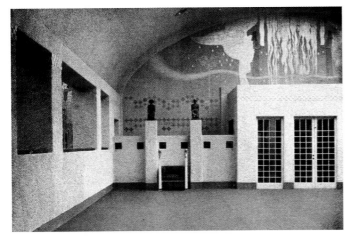

右上图

在法国巴黎的玻璃屋中，皮尔瑞·查里奥将装饰艺术设计师们所使用的材料与工业革命中所出现的和现代主义所偏爱的那些材料相互并置。

右下图

1924年格里特·里特维尔德设计的荷兰乌特勒支施罗德住宅，在材料的选择、形式和细部上，都反映出里特维尔德具有的家具制造背景，并符合风格派的设计原则。

众对埃及造型产生浓厚兴趣，这一时尚被装饰艺术风格设计师运用在电影院、工厂中，例如胡佛大厦（Hoover Building）和其中的家具都是埃及风格。嵌花红木、乌木、真动物毛皮等华丽、罕见和豪华的材料与高度喷漆表层、铝和胶木（首次大批量生产的塑料）等更为现代的材料组合在一起。

装饰派艺术通常被加以诠释作为好莱坞电影的布景，例如：卡迪拉克·杰本斯（Cedric Gibbons）为电影《大饭店》（Grand Hotel）（1932年）和《天生舞者》（Born to Dance）（1936年）等所做的设计；弗里兹·朗（Fritz Lang）为《大都会》（Metropolis）（1927年）所做的设计；达雷尔·西尔维拉（Darrell Silvera）为《欢乐时光》（Swing Time）（1936年）设计的布景。这些迷人的电影有助于将不断发展的风格、材料的使用国际化和大众化，而之后装饰也变得适用于普通的家庭室内设计。在此期间，许多著名女性开始对室内装饰和设计产生特别显著的影响，例如坎迪斯·惠勒（Candace Wheeler）、伊迪丝·华顿（Edith Wharton）、埃尔希·德·沃尔夫（Elsie de Woolf）和苏芮·毛姆（Syrie Maugham），毛姆因其设计的一座位于勒图凯的别墅的白色室内而著名。

在此期间，室内设计史上还有另一位重要人物——皮尔瑞·查里奥（Pierre Chareau）（1883—1950年）。和艾琳·格雷一样，他对材料的使用也受到现代主义和装饰艺术风格的影响。在其设计的法国巴黎的玻璃屋（Maison de Verre）（1928—1932年）中，他将用来创造自由平面（没有承重隔断的平面）的外露结构钢梁与装饰艺术风格的家具陈设相并置，玻璃立面（采用了玻璃砖）与装饰房间隔断相并置，穿孔金属、橡胶、混凝土等当代材料与精美的木制家具和织物相并置。

格里特·里特维尔德（Gerrit Rietveld）是当代一位类似于查里奥的人物，他是"风格派艺术运动"（De Stijl）的成员，并将此运动的理念应用在与委托人特卢斯·施罗德-施雷德夫人（Mrs Truus Schröder-Schräder）合作设计的荷兰乌特勒支（Utrecht）施罗德住宅（the Schröder House）（1924年）中。这座住宅集中体现了风格派的设计原则：材料形式的使用、滑动和相交的纵横向平面。家具采用三原色与基本的"真实"材料，似乎是对彼埃·蒙德里安（Piet Mondrian）绘画的三维诠释。所用材料十分简单，并采用细木工技术进行组装。需要注意的是风格派运动曾对现代主义建筑师沃尔特·格罗皮乌斯（Walter Gropius）等德国包豪斯（Bauhaus）（1919—1933年）的创始人产生影响，同时

包豪斯也反过来推进了现代主义，并影响了后几代的设计师和教育工作者。

现代主义建筑师和设计师接受了由工业革命所带来的制造业的变革。大规模生产系统，制造构件的效率和标准化，混凝土、低碳钢和膨胀玻璃等新材料，以及汽车和航空业等其他设计领域的发展都激发了他们的创作。他们宣称避免采用"应用装饰"［阿道夫·洛斯在1908年所著的《装饰与罪恶》（Ornament and Crime）中首次提出的立场］，而是主张"忠于材质"[1]和"形式追随功能"[2]的信条。其中材料需要根据其功能特性和基本品质进行正确的使用，这样就不需要使用装饰贴面、抹灰、油漆及"假的"材料了（用一种材料模仿另一种材料）。

钢结构和混凝土的使用让实体承重墙不再成为必需，从而使平面和立面得到解放（即法国建筑师勒·柯布西耶所倡导的新建筑五点之一的"自由平面"）。室内外不再是两极化的空间体验，玻璃的广泛使用使两者之间产生流动性的连接：室外成为室内的物质景观。

现代主义的远景之一就是要建立一个乌托邦式的城市环境，这个理想与现代工业、机械化、科学和制造相关，打破了与过去老传统之间的关联。这一远景想法（尽管有些扭曲）的影响力充分体现在战后时代的住宅中：具有功能性紧凑室内的低成本、高密度的高层公寓。

第二次世界大战期间，英国政府推出"实用计划"（Utility Scheme）应对原材料和劳动力短缺的问题。家具只能采用计分制度进行购买，并且材料和家具价格固定。家具款式采用一些现代主义流派的习惯做法，尽可能少地使用材料，从而使产品选择有限，并采用最简单的方法进行设计（在规模和材料方面）。这种功利主义的应对方式与美学和战后社会住宅的规模有关。

这种用于战时家庭装修和战后住宅设计的方法清楚地说明了在室内发展过程中，财富、劳动力和材料可用性的重要性——这些问题也与当代设计师们密切相关。

超现实主义、流行艺术和光效艺术运动同时也对室内材料的使用产生影响；这在20世纪60年代和70年代的家居和零售室内设计中尤为明显，其中空间变成为"一种环境、一个事件或一幅画"[3]。与这些运动的原则和理念所相关的消费主义/流行文化漠视传统和长久性，同时渴望生产出迅速过时的新聚合物或一次性产品：

一次性家具的生产进一步强调了流行设计对传统和长久性理念的挑战。缺乏严肃性和极具玩笑性的流行设计创造了一种氛围，使家具可以由坚固的卡片制成，并由购买者进行组装，享受一个多月，当新型家具出来时便将其丢弃掉。[4]

1 这一理念引自约翰·路斯金与艺术家亨利·摩尔。
2 这是由美国建筑师路易斯·沙利文（Louis Sullivan）在1896年提出的。
3 安妮·玛西著，20世纪的室内设计，伦敦：泰晤士与赫德逊出版社，2008：185。
4 安妮·玛西著，20世纪的室内设计，伦敦：泰晤士与赫德逊出版社，2008：178。

左图和右图

1928—1929年由路德维希·密斯·凡·德·罗（Ludwig Mies van der Rohe）设计的巴塞罗那馆（Barcelona Pavilion），以及1928—1930年由勒·柯布西耶（Le Corbusier）设计的普瓦西（Poissy）萨伏伊别墅（Villa Savoye）。勒·柯布西耶和密斯对工业时代的新材料和新技术积极回应，他们是现代主义建筑运动的领袖。在巴塞罗那馆中，密斯采用玻璃和钢柱创造出一个自由平面，设置在石灰岩底座上，并用石灰岩的垂直面及绿色和金色玛瑙限定空间。在萨伏伊别墅中，勒·柯布西耶所使用的都是不太华丽的材料，例如混凝土、陶瓷锦砖和玻璃。

左图

流行艺术运动的影响在1982年本·凯利（Ben Kelly）设计的曼彻斯特庄园夜总会（Hacienda nightclub）室内中可见一斑。设计师在浅蓝色背景上采用源自城市环境、猫眼和护柱（通常用于道路）等元素的明亮的平面图形，来划定室内空间，创造出一个城中之城。

右图

埃托·索特萨斯和孟菲斯集团对材料采用一种折中的后现代主义方法，从流行艺术、光效艺术、装饰艺术和经典设计中提取元素。图示为其于1981年设计的卡萨布兰卡餐柜（Casablanca cabinet），它参考了古典家具的样式，但其装饰塑料层压板饰面却体现出现代消费文化。

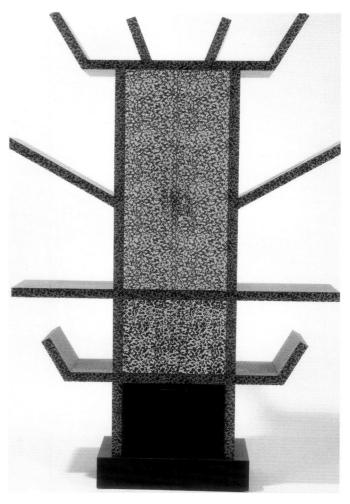

20世纪后期的经济繁荣继续推动了对于零售、商业和住宅室内设计的需求，从而使室内设计被公认为是一种实践。在这个后现代主义时期，并没有统一的语言或思想，但设计中前瞻性运动的影响却是显而易见。

孟菲斯集团（Memphis Group）于20世纪80年代由意大利设计师埃托·索特萨斯（Ettore Sottsass）（1917—2007年）创立，它体现了后现代的意识形态。索特萨斯、美国建筑师迈克尔·格雷夫斯（Michael Graves）和奥地利建筑师汉斯·霍莱茵（Hans Hollein）等设计师们避开现代主义的教条，从超现实主义、流行艺术和光效艺术中汲取灵感，在设计中大胆地运用色彩、花纹层压板和复杂的形式，从中还能看到他们对于装饰艺术的引用。孟菲斯集团做出的设计具有全球性的影响力。

法国设计师菲利普·斯塔克（Philippe Starck）（1949年— ）及荷兰建筑师雷姆·库哈斯（Rem Koolhaas）（1944年— ）都在这一时期进行设计工作。斯塔克的设计包括产品和室内设计，同其他后现代主义者一样，其作品融合了一系列折中的类型和风格。

雷姆·库哈斯是大都会建筑事物所（OMA）的创始合伙人。大都会建筑事物所设计的海牙荷兰舞蹈剧院（1987年），采用了动态和出乎意料的方法使用材料与形式。

相反，20世纪80年代同样也颇具影响的极简主义则继续适应现代主义的传统——利用和揭示材料的内在品质，设计逐步回归本源：

以其日式简化意味，20世纪80年代和90年代的美学极简主义室内设计为家居和零售空间，都提供了一片高度公开的静土，似乎继续着对居住者施加秩序和规章的现代主义传统。[1]

20世纪末同时也标志着技术革命（Technological

1 斯帕克，玛西，凯伯，等著，现代室内设计，牛津：贝格出版社，2009：221。

左下图和右下图

在大都会建筑事物所设计的荷兰舞蹈剧院中，所使用的材料看起来好像是分离的碎片。折叠钢板等工业材料与灰泥、大理石和金箔等更为昂贵的材料相互并置拼贴。

Revolution）和信息时代（InformationAge）的开始，社会变革表现在建筑和设计上出现的风格被称为"高技"（High-Tech）。

理查德·罗杰斯（Richard Rogers）（1933年出生，英国人）和伦佐·皮亚诺（Renzo Piano）（1937年出生，意大利）的标志性设计蓬皮杜艺术中心（Pompidou Centre）（1971—1977年）就是一个著名的案例。在这一时期，码头区、仓库和工厂等昔日的工业建筑和场地都开始重建。[1]这些同时发生的事件产生了一种激动人心的混合：现存建筑原来的工业材料与出于工业美学而选择的新材料相并置，现代化的机械、电气和技术基础建设显现出来。这种高技派手法在21世纪末仍然十分具有影响力，例如由法国工作室建筑设计公司（STUDIOS architecture）设计的加利福尼亚伯班克（Burbank）卡通电视网（Cartoon Network）建筑室内（2000年完成），以及未来系统事务所（Future System）设计的纽约川久保玲（Comme des Garçons）（1998年）。高技派对技术的影响同时也改变了材料的生产、形成和建造过程，这将在本部分的后面进行讨论。

1 斯帕克，玛西，凯伯，等著，现代室内设计，牛津：贝格出版社，2009：221。

上图

约翰·波森（John Pawson）设计的拼图时装专营店（Jigsaw）室内，体现了极简主义者处理材料的做法：极具质感的服装与无光亚克力隔板、石材和白墙构成的冷静、简洁的室内形成鲜明的对比。

左下图

伦敦圣马丁巷酒店（St Martins Lane Hotel）。菲利普·斯塔克幽默的设计通常将塑料、丝绒、金箔、玻璃等不同的元素和材料组合在一起，打造出一种戏剧性的画面。斯塔克同时也通过改变元素的尺度和语境处理常见的形态，创造出超现实的艺术作品。

右下图

未来系统事物所设计的磨砂铝管状嵌入式入口犹如萨克斯风管口，创造出一个连接室内与室外、新区域与旧区域的入口。这个管状物是由6 mm的无缝接合铝板构成的单体结构，单片玻璃门采用了平移的枢轴铰链。

2. 材料的演变

20世纪影响室内设计的一项最重要因素是生产出塑料及其相关材料和产品的技术的发展。这些材料与产品包括首次大规模生产的合成塑料，胶木、完全人造的纤维——尼龙、聚氯乙烯和聚苯乙烯等其他合成聚合物、模压塑料（用热或压力创造出的塑料形态），以及塑料层压板等。

世界大战和蓬勃发展的汽车业推动了材料及塑料注塑和夹板成型胶合等先进技术的研究和开发[1]，这些技术同时也推动了室内、产品和家具设计的发展。

家具，或更确切地说，椅子，通常可用来判断室内材料的品质，并且，也许是因为它们的尺度（相对于房间和建筑而言），椅子通常成为改进新材料和制造过程的样本。椅子也具有标志性，因为它们体现了其所处时代材料的创新，并持续影响材料如何在建筑环境等其他语境中的使用情况。著名的例子包括：桑纳设计的14号椅子（Thonet's Chair No.14）（1859年），是一把因大规模生产诞生的椅子，采用蒸汽弯曲实木制作；马歇尔·布劳耶（Marcel Breuer）设计的瓦西里椅子（Wassily Chair）（20世纪20年代）开创并定义了无缝钢管的使用；伊姆斯夫妇（Charles and Ray Eames）设计的餐椅系列（Shell Chair）（1952年），首次用塑料进行大规模生产，同时，他们设计的模压胶合板椅系列如今依然由维特拉家具公司（Vitra）生产；此外还有1963年罗宾·戴（Robin Day）为希勒公司（Hille）设计的聚丙烯塑胶椅。

1956年，塑料首次应用在汽车上（1956年的雪铁龙DS），同时，它也用在了宇宙飞船部件的设计中。

1 安妮·玛西著，20世纪的室内设计，伦敦：泰晤士与赫德逊出版社，2008：155。

上图

2004年，由布鲁克兄弟工作室设计的"维特拉家具精选"（Vitra Home Collection）。虽然它们通常是临时性的元素，但家具用品可以体现或限定一个室内空间的材料景观。这一布置由布鲁克兄弟工作室为家具制造商维特拉设计，其中包括伊姆斯夫妇、维奈·潘顿（Verner Panton）、乔·庞蒂（Gio Ponti）、阿纳·雅各布森（Arne Jacobson）、马腾·泽韦伦（Maarten Van Severen）和贾斯帕·莫里森（Jasper Morrison）设计的家具。

　　这些变革令许多设计师受到鼓舞，他们在做设计时以这些产业的发展情况塑造造型和选择材料，这在艾莉森和彼得·史密森（Alison and Peter Smithson）设计的"未来式住宅"（House of the Future）中得到了充分的体现：

　　可以说，对史密森夫妇所代表的意识形态的最纯粹的表达便是他们于1956年为"《每日邮报》理想家居展"（Daily Mail Ideal Home Exhibition）设计的梦想中的样板房——"未来式住宅"。这个塑料结构主要由艾莉森设计，可以作为一个整体而不是局部进行大批量生产，住宅具有创新性的未来主义特性，例如，自洁浴、易于清洗角落和可以远程控制的电视和照明系统。[1]

　　1969年登月成功对公众的情绪和集体的想象力产生了重大的影响。流行文化开始对未来敞开，并传播于大众；人们对太空时代（the Space Age）的审美充分体现在音乐、服装、电影中，同时也反映在室内设计的材料中。

　　20世纪六七十年代高级塑料被大量生产出来，艺术家和设计师们开始了解这些材料的潜力，并用在家具、产品、服装和家居布艺中。塑料很容易取得，也易于替代（"一次性"），能够满足大众审美和消费者对新事物的渴望——这一恶性状况仍继续充斥在许多国家中。

　　技术和制造工艺的进步（受经济、科学和环境紧迫要求的促进）继续改变着当今可用于室内设计范畴的材料。

1 详见设计博物馆（Design Museum）网站：http://designmuseum.org/design/alison-petersmithson_（引自2011年7月4日）。

右图
　　桑纳设计的14号椅子，是首批被大规模生产出的椅子之一，由曲木制成，自1859年以来生产至今。

3. 环境议题的历史影响及对材料的影响

当代设计师们在对材料的选择上，态度已经开始因关注全球变暖和自然资源的枯竭而改变，在本书第二部分将对这些主题进行探讨。但是，在这里讨论这个问题毫无价值，因为这些关注并不新鲜，"绿色"议题已经影响了设计几十年之久。

雷切尔·卡森（Rachel Carson）（1907—1964年）是美国海洋生物学家、自然资源保护者和早期的环保主义者。其著作《寂静的春天》（Silent Spring）于1962年首次出版。书中讲述了人类社会的发展对自然的破坏，并表达了作者对人类和动物的健康及环境的关注。卡森的观点在1963年美国国会之前便已出现，并呼吁出台新政策来保护自然环境。

绿色运动（The Green Movement）和嬉皮士的出现也对设计方法产生了影响。在20世纪60年代，开始出现世界商店、第三世界商店和公平贸易商店销售室内设计商品；在1968年至1972年间，《全球概览》（the Whole Earth Catalogue）在美国出版，它为一种具环保意识、反主流文化的商品做宣传。在这一时期，来自于非西方文化的"民族"面料、地毯和人造物品被用来装饰家居——这些物品成为反西方资本主义政治身份和符号的声明（虽然仍然是一种消费主义形式）。

在卡森的著作出版后20年，奥地利出生的设计师、教育家维克多·帕帕纳克（Victor Papanek）出版了《为真实世界而设计》（Design for the Real World）一书。他在书中不仅探讨了生态学，同时还谈到了设计师的社会责任。

这些环保运动的早期支持者推动了环境议题的讨论，迫使政府和行业对这一问题进行思考。他们的信念导致了政府政策的第一轮改变，同时也改变了产品制造商生产产品的原材料。

对环境的关注，人们也越来越倾向于重新利用现有建筑物作为节省材料的一种方式和过程，这在这本书的第二部分会有相应的描述。然而，这种做法也有历史先例，特别是那些在现存建筑中工作的当代设计师就采用这种方法。

意大利建筑师、设计师卡洛·斯卡帕（Carlo Scarpa）以在历史建筑中增建建筑而著称，其设计包括维罗纳卡斯泰维奇博物馆（Castelvecchio Museum, Verona）（1957—1975年）和威尼斯斯塔帕里亚基金会（Querini-Stampalia Foundation, Venice）（1961—1963年），这些场所的设计对室内设计学生都是重要的参考案例。

斯卡帕敏感的设计烘托了建筑的历史和物质文脉，补充和增强了原始空间的品质，并表现出新旧材料的明显区分。这些空间设计理念反映在细部表达和细心的材料并置处理上。

左图和右图

在维罗纳卡斯泰维奇博物馆，卡洛·斯卡帕在这座现存历史建筑中加入新材料。原有的材料有其自身的标志、"疤痕"和"记忆"，加入的新材料亦为其增色不少。虽然新、旧材料之间存在着明显的区分，但当一种材料被另一种材料所包围或环绕时，便呈现出一种包容的形态。

4. 21世纪

在我们的后现代世界中，已经不存在一种单纯的主导风格或设计运动。相反，每一位设计师或设计团队都对材料的使用采用了十分不同的方法，非常多元化和多样化。设计将多种文化的来源及其产生的积极影响加以组合利用，它们极具包容性与折中性。但是，不断涌现的主题可能也会很好地让这一代设计师在哲学、理念上（如果不在风格上）达成一致：环境议题，全球经济危机及中国、印度及南美国家和地区出现的政治、社会和经济影响。所有这些都会对室内设计的材料利用产生影响。

除了这些主题外，数字技术也正在为如何构想、设计、提炼、沟通和建构空间带来变革：

如今的大部分物质世界，从最简单的消费产品到最复杂的飞机，在其创造和生产的过程中，设计、分析、表现、制造和装配正成为一个完全依靠数字技术、相对无缝协作的过程，即一个从设计到生产的数字化统一体。[1]

这个"数字化统一体"已经改变了材料的利用潜力。用于传统建筑设计的柏拉图实体和欧几里得几何形已经发生转变，现在出现了一种复杂的曲线仿生形态。

电脑程序也可以用来测试材料的性能，例如，测试一种材料的声学特性和它在一个想象室内空间中所创造的听觉体验，或者光质及它对材料表面所产生的影响。

在21世纪初，同时也发展和生产出了许多的新材料：由于发明了生物降解和可分解的聚合物而使塑料变得更环保，记忆塑料和金属材料被用于产品设计，同时也开发出轻质半透明的混凝土。在本书第五部分将对这些主题和新材料、新工艺的出现加以讨论。

第一部分介绍了室内材料品质的一些重要历史影响。在这一部分中所探讨的案例并不全面，它们主要限于19世纪和20世纪的西方设计。但是，它们的确说明了室内设计在过去150年中是如何发展的，并使人们初步了解了当代设计师所拥有的遗产。

1 布兰科·科拉瑞威克编，数字时代的建筑：设计与制造，伦敦，纽约：泰勒-弗兰西斯出版社，2003：7。

左图

扎哈·哈迪德建筑事务所（Zaha Hadid Architects）设计的一幅想象室内空间视觉图。

中图

2001年设计的克莱顿·海勒·琼斯大厦（Claydon Heeley Jones Mason）伦敦办事处中，尤西达·芬德莱建筑事务所（Ushida Findlay Architects）用彩色钢带设计出复杂的带状形态。这个钢带在办公室内起到了统一不同空间的作用。

右图

由于材料科学的不断发展和生产方法的不断进步，人们已经产生出新一代的创新材料——透光混凝土（litracon），如图所示，这是一种轻质半透明的混凝土。

第二部分
材料的选择

30　　5. 任务书和客户

33　　6. 场地

42　　7. 理念

我们生活在一个物质材料的世界；正是物质材料赋予我们所见、所感的一切事物以实体。[1]

设计行为来源于人的意愿，是一种对需求或要求进行思考后作出的反应，这一过程往往会产生出一个产品、场所或空间——关于材料的解决方案。阿什比（Ashby）和约翰逊（Johnson）曾这样说道："材料服务于设计"[2]，在室内设计师能够为一个特定环境选择材料之前，他（或她）必须学会测试、理解和操作材料。

这一章节将主要探讨在项目概念阶段的材料选择过程——尤其是材料选择如何与项目任务书和客户、项目场地及设计方案的探讨和发展相关联。

1 迈克·阿什比，卡拉·约翰逊，材料与设计：材料选择在产品设计中的艺术与科学，牛津：巴特沃思·海因曼出版社，2002：3。
2 迈克·阿什比，卡拉·约翰逊，材料与设计：材料选择在产品设计中的艺术与科学，牛津：巴特沃思·海因曼出版社，2002：55。

下图

在项目进行的初期对材料进行探讨，可以了解客户任务书，并为设计师确立清晰的参数。

5. 任务书和客户

大多数室内设计都是从项目任务书开始——由客户和（或）用户群已经确定的对空间需求的描述。任务书通常可以变化，设计师通过反复的设计、讨论和辩论做分析和改善。在较小型的项目中，可以通过客户和室内设计师之间的简单对话完善它；在大型项目中，可能会因结构工程师，机械、电气和环境工程师，照明设计师，平面设计师，成本顾问及项目经理等其他专业顾问的意见和建议做出改动。

精确的项目任务书并不太可能明确指出涉及的材料，但它可以设定材料选择的相关参数，其中可能包括意向或品牌标识，成本、品质或内容，营造何种氛围，及功能、感觉、技术或可持续发展的要求等。

视觉特征

客户会依据个人简历和工作室文化所限定的设计师形象和身份，指定设计人员，因为他们认为这个是与设计师自身的特点相一致的：设计师可能会具有一种公认的风格或使用一种与客户价值观和要求相符的语汇。

此外，设计师也可能会因为他们表现出其具备阅读、解释和扩展客户愿望的能力而受到客户的指定。这通常发生在设计师受邀"投标"项目时，他们往往会向客户做一个陈述，对投标的任务书做出一个方案以赢得项目。在这个过程中，设计师们将展示其能力，将客户或品牌的形象借由一个令人激动的创新空间设计表现出来。这种如变色龙般的存在能够给设计师以机会，来与广泛的客户进行合作，并对那些对材料需求有差异的不同建筑类型进行设计。

在每个项目中，设计师都能进行很好应对，他们可以将体现客户特征的参考图、色彩和材料选择加以组合，所选择的材料和图像可能会符合"有力量""开放"或体现"绿色环保"需求等客户抱持的价值观。这种信息的选择可能包括建造环境的主要材料，但同时也会整合材料及与产品、家具和制服、商标、字体和包装等平面设计相关的理念。设计师将不断调整和完善对材料的挑选，直至色调和谐一致。

达尔奇尔-鲍设计咨询公司（Dalziel and Pow Design Consultant）为沙特（Saudi）的家居用品品牌奥拉（Aura）设计的品牌标志。在呈现客户的价值观和视觉识别时，设计师会考虑室内材料与包装、制服和标签等增强品牌形象的其他东西之间的关系。

并非所有的客户都有一个明确的形象或标志设计，设计者就需要帮助客户确定他们的愿景。这是客户任务书设计的一部分。在这种情况下，设计人员可以自由为客户和场地提出可选性的视觉标志。他们可以关注材料和提出创新的设计方案。所选择的材料和颜色将营造出特定的氛围，或为表现客户"价值观"的一次性空间体验。

设计师们通常需要考虑如何选择颜色和材料来增强品牌标志。下面的练习有助于设计师从侧面考虑选材和材料如何被用来创造一个特定的形象或提升品牌魅力。

针对这个练习确定一个客户或品牌——也许是一个大家熟悉的连锁零售商。回答下列问题，假设"我"就代表这个品牌：

如果我是一辆车我将会……
如果我是一条狗我将会……
如果我是一件衣服我将会……
如果我是一棵植物我将会……
如果我是一件家具我将会……

• 重新考虑你的答案，试着避免明显的答案或者陈词滥调。你的答案是否会改变？

• 考虑你的答案并明确任何可以被确定的共同特色或价值——也许可以列出一个词汇表。如何使这些价值用材料和颜色表现出来？这些词汇是否能表现出特定的材料品质、供应商类型和细部的设计方法？

• 挑选出与你所确定的价值和特点相关的材料。如何在室内应用这些材料？它们如何表现你的品牌设计？

为不同的语境和功能来确定合适的材料十分具有挑战性。在选材时为你拓展知识和增加信心的一个好方法便是分析材料原来的用途：

- 选择和走访两座具有不同功能的建筑（最好有一些设计上的优点呈现）。例如，医院和高端零售商店。

- 试着找出每座建筑物中用于相同功能的材料，例如墙体、地板、扶手、顶棚等。

- 比较这些材料的美学、功能和技术特性，分析它们之间的异同。

- 明确指出材料存在的任何明显问题，是否存在任何明显的清洗或维修问题？你将如何对材料的规格做出改进？

- 检视你的研究，并找出任何影响你进行材料选择的重要发现。

下表列出了按照这个流程进行练习时所做的笔记。

成本、质量和计划

项目任务书会参考客户关于室内的要求，但同时也会包括其他考虑因素，如预算（通常会存在"成本计划"）和程序——这些对设计师来说是非常重要的制约因素。

在大多数项目中，对于材料费用、施工质量（材料如何组装）和项目建造速度等因素，通常要有所平衡。如果速度最为重要，那么质量可能就需要退一步，项目成本会较低；如果质量优先，那么室内建造时间就可能延长，花费也会更多。

在选材之前，设计师需要了解客户优先考虑的因素是什么。例如，如果客户的任务书中写到为一系列初次项目制订快速计划，那么设计师则需要检查是否可以获取选材，以确保它们可以准时在预计时间内送达。有时这个过程还会涉及建筑承包商，确保不同的分包项目（分开的工作领域）在充足时间内进行转包，使分包商可以购买和组装材料。此外，如果项目是一个临时方案，也将会影响到选材，因为短期方案不需要那么长时间，因此成本也更低。

尽管任务书可能不会特别涉及材料，但设计师经常也需要对项目合适的材料选择和组合有直观的了解。所选的材料需要平衡材料的功能、技术、美学和感官特性——这对于室内设计师来说是一个巨大的挑战，这在本书的下一部分中将会展开讨论。

项目	城市医院	高端零售商店	笔记
墙体	彩色石膏板上带有推车高度的护栏 问题：损耗和磨损的迹象	光面石膏、镜面和数字媒体墙 问题：成本	用于商店中的材料较为豪华、昂贵——它们可以提升品牌的知名度。医院的设计要考虑耐久性，但使用色彩和图形可以改善氛围和起到导向的作用
地板	防滑乙烯和陶瓷 问题：损耗和磨损的迹象	石材和割绒地毯 问题：石材的成本和来源	在这两种情况下，材料都需要具有持久性且易于清洗，但商店的材料更昂贵和华丽
顶棚	公共区域的多孔金属和木板条顶棚 问题：清洁	彩色穿孔石膏板 问题：无	木材可以使医院公共区域更温暖；商店的顶棚简单而廉价(人们关注的焦点是地板和墙体)
五金	有机玻璃 问题：不够持久	丝光打磨不锈钢 问题：局部可视的光学问题	在医院中所采用的产品较廉价，品质不高，也许需要采用更高品质的有机玻璃产品或特殊材料

6. 场地

　　在指定室内设计师之前，客户通常已经选好了项目场地，但也会有例外。在评估和选择场地时，设计者通常成为客户的顾问，并帮助客户推敲租赁或购买的条款。设计师也有可能会被要求对场地提出设计建议。在被称为"推展"项目的零售设计中便经常如此。在这种情况下，一个设计将需要适合一系列不同的场所，并包括一整套重要细节和材料处理的规范和列表。

　　但是，对于大多数项目来说，场地是"主角"，它会对设计师的理念和材料选择具有直接的影响。项目的场地千差万别，可以是现有建筑、新建建筑、只停留在模型和图纸形式层面的待建建筑，也可以是正在施工中或临时性场地中的建筑。每一场地都有其特定的语境，需要进行仔细考虑：建筑的历史元素可能需要通过设计方法和建议加以保留或补充。每个场地的设计采用不同的材料。

下图

　　在路夫佛事务所与泽克建筑事务所合作设计的鹿特丹（Rotterdam）工作室中，原有建筑和新加部分的材料做了明显的区分。原有砖墙保留，未做处理。新材料包括上漆木地板、3 mm防水处理的"蓝板"钢楼板、新上漆的木楼梯、彩色粉刷墙面和铝合金镀膜洗涤台。注意在中间一幅图里有一把用聚合材料包裹着的传统座椅。

现有建筑

现有建筑将根据年代、条件、建筑优点和之前的用途、使用或误用情况而改变。这座建筑可以受到社区里人们的热爱，其"特性"为同一家族的几代人所牢记，或者成为城市的地标，也可以是建造在复杂环境中不知名的建筑，或等待复兴的一块隐藏着的宝石。

每座现有建筑都会将其自身的材料特征传留给设计师。材料可能成为设计师的灵感来源，设计师可能希望在新旧材料的并置中揭示出原有建筑材料的本质特征。或者，设计师也希望在新面层下隐藏原有的材料。

为了确定新加材料的设计策略，设计师必须首先分析和理解现有建筑的情况。在弗雷德·斯科特（Fred Scott）所著的《建筑改变》（On Altering Architecture）一书中，他将这一过程称为"拆解"：

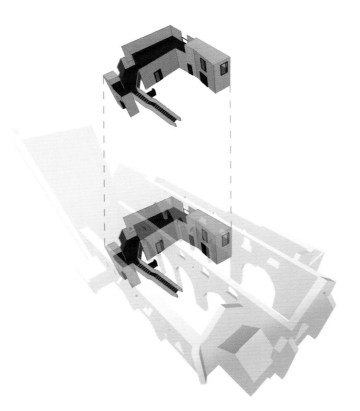

上图和左图

在这个博物馆项目中，道·琼斯建筑事务所（Dow Jones Architects）小心地在原历史建筑中进行新建设计；新材料与原来的石材出现明显的对比，同时尽量减少对原主建筑的破坏。新建部分的建造材料采用由表面未刷漆的层压实木板制成的Eurban预制工程板；在一楼新铺地板上采用天然漆布。轴测图说明了木质新建部分是如何适合原建筑的。

从更广的表现形式上说，"拆解"这一过程需要设计师在增建时对其所设计的主体建筑进行充分的理解，直至发展出结构上的联系，以作为新建部分与原建筑之间产生呼应的准备。主体建筑需要从本质上根据整体环境进行理解，同时还要考虑到其现状和起源等方面。这种探求包括建筑和社会经济等方面。[1]

斯科特接下来确定了"拆解"过程中需关注的四个领域：材料——涉及所有材料的特性，包括建筑的结构和构造；空间——与空间配置、等级、序列、比例等相关；风格——与建筑风格（例如乔治亚风格）和历史典范有关；最后还包括之前居住者或"重新设计"的痕迹、分层标记和此后空间使用者们所留下的痕迹，以及用旧材料所唤起或体现出的记忆。

理解"主体建筑采用什么材料和如何进行制造"可以使设计师对新加材料确定出一个清晰的概念或策略。和谐、对抗、统一、对比、分离、并置、无缝、侵入、短暂、共生和寄生等，只是在现有建筑中新加材料时所使用的一些策略方法。

在将伦敦杜鲁门酿酒厂（Truman Brewery）改造为勒比办公楼的项目中，布尔克沃思设计公司通过露出灰色强劲的钢结构和暗红色砖墙来显示原建筑基本材料的特征。这些材料与那些具有光滑抛光表面和饱和色精细材料的新建部分相并置。

1 弗雷德·斯科特，建筑改变，伦敦：罗特里奇出版社，2008：108。

右图
布尔克沃思设计公司将伦敦的一个老啤酒厂改造为数字营销代理机构勒比的办公楼。这些照片描述了空间"拆解"的物理过程，显露出原建筑的基本材料和结构。新建部分的材料与原场地的工业性质形成对应。

阶段步骤：记录现有建筑中的材料

室内设计师们通常会在一座现有建筑中加入新的东西。在这种情况下，设计师对现有场地进行一次全面深入的调研，并采用绘画和摄影的方式来记录原建筑中所用的材料是十分重要的。然后，设计师可以完善自己的设计理念，并明智地确定新建部分采用的材料。

下面的案例是格兰·荷沃斯建筑事务所设计的英国普兹茅斯（Portsmouth）阿斯帕克斯展览馆（Aspex Gallery），对它进行探讨可以更好地理解材料的特性。

1 第一步，了解场地及其材料的特性。例如，你所记录的内容可能包括以下部分：原始材料；与新加部分相关的材料；原有建筑的扩建部分；材料上留下的"疤痕"，或使用的迹象；材料的感官性质（包括用作结构目的）。最初可以拍摄照片进行记录。

2 除拍摄照片外，还可以绘制空间草图，记录材料的品质（颜色、肌理、光线和材料的关系)，同时可以附上你的分析笔记。

3 开始将注意力放在某一种特定材料上（在本例中为砖材）。完成更为详细的绘图，拍特写照片。做好分析笔记，其中包括这一材料的基本情况、它在空间中与其他材料的关系（节点和接头），以及其与室外面层的关系。

4 你也可以将你的一些记录用作项目下一阶段进行演示的基础，例如，通过照片绘制空间的透视景观——可以在Photoshop软件中上色，并放入人物以表现比例大小。

阶段步骤：对场地进行感觉阅读

在设计项目一开始分析现有场地时，就可以完成这个练习。你应在开始时确定你想要表达的感觉（参见第68~80页的建议），使用媒体、绘图类型、图表和记笔记等多种方式来表达你对空间的感官体验，考虑如何使用点、线、色彩、图案、形状、质地、色调和形式表达你的体验。在下面这个例子中，我们对一座教堂进行探讨，从而更好地理解其材料的性质。

1 用一组小型平面图（A5或缩略图大小）来记录你的首次观察。这些图表可以表现出你对温度、人的运动、光和声音等的理解。

2 用不同的媒体手段和技术来表现你观察到的色彩、光线、色调和质地。

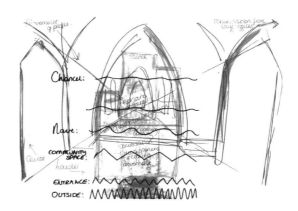

3 尝试采用多样的方法做实验来表现声音和运动。当注意力放在某种特定感觉上时，花点时间来理解你身体的体验，例如你能听见什么？聆听接近你的声音、那些稍微远些的声音和远处的声音。你如何才能表现这些声音的变化和层次？

4 尝试采用色彩和拼贴来表现不同的质地和温度。

5 制作绘画或雕塑来表现你对场地的个人反应：一个概念性的肖像或一件"场所精神"的物体。

6 将你的素描、笔记、画作和拼贴结合为一本"书"、文件夹或作品集。

新建筑、计划建造的建筑、施工中的建筑

如果项目是一座新建筑，无论是计划建造还是正在施工中，那么室内设计师将可能作为跨学科团队中的一员，或众多设计团队其中之一来参与工作。

比如，当设计一座新建的大型购物中心时，需要一个负责整体结构的基础建筑设计团队、一个负责公共区域的装修设计团队，以及若干独立零售单元的设计团队。在这种情况下，各方必须共享材料信息，经常发布公共区域材料使用的规范或导则，同时对材料在零售单位内如何使用和组装也会有相应的制约条件。

当进行新建一座建筑的工作，完成土建工程时，室内设计师会来到基地，或者他们从项目一开始就会成为跨学科团队的一员来进行设计。在前一种情况下，设计师会对新建筑的材料做选配，而在后一种情况，他们则与团队的其他成员合作，协商材料的（室内外）选配，以便能向客户提交完备而连贯的设计方案。

左上图和左下图

BDP事务所完成的苏格兰西洛锡安市政中心（West Lothian Civic Centre），由建筑师、室内设计师、景观建筑师和声学工程师所组成的团队共同设计。市民空间室内的山墙采用朱拉（Jura）石灰石，地面采用布尔腾·布兰迪·克莱格亚光石板。木材、玻璃和色调丰富的焦橙色和石灰绿不断出现在室内空间中。

临时场地

一个临时场地，通常都是一次性的临时设计或增建场景，但是，情况也并不总是这样。设计可能是暂时性的，从一个临时地点移动到另一个。例如，展览展示单元可以被多次使用在不同的事件中和在全世界不同的地点，或者，一个"闪店"的概念也可以产生出相同的"室内"，这被用在许多是废弃建筑物或空置零售单位的临时场地中。增建部分也可能是短期的，"室内"和临时所属场地之间的材料可能是具有偶然性的——也许会导致材料特征或非常独立的平行实体间产生冲突，其中各部分都与其他部分关联较少或不产生影响。

文脉

除了原建筑的特征，设计师还必须考虑到场地的地理位置。该项目的物质环境（城市、郊区或乡村），相关气候（炎热、寒冷、干旱、潮湿等），当地的建筑传统，本土设计材料的用途和来源，当地社区及其文化、宗教身份，都是影响增建设计中所选择材料类型的重要因素。

除了预算和程序问题，任务书及场地也都能为设计理念的发展带来具有建设性的约束力。

下图
这家道克·马汀斯（Doc Martens）鞋类临时"闪店"的设计总预算为15000英镑。设计师坎培利用回收的工业材料和荧光灯照明来展示商品。

7. 理念

创造性的设计过程是对各种问题进行复杂的协调，其中涉及该项目任务书的分析和阐明，对场地的分析和理解，以及对场地、任务书、发展进程和解决方案进行协调尝试——一个综合分析、解决问题的过程。在这个阶段，通常会进行可行性研究，测试和互相沟通设计方案。因此，对解决方案进行评估和尽可能完善就十分必要。这个非线性、反复的过程涉及客户、设计师和其他顾问多人，在达成一个明确的方向和设计理念之前可能会重复多次。

在这个阶段中，剧本是一个重要的部分，它最终必须将创造性与逻辑、美学和技术相结合。在这个有趣的阶段，室内设计师或设计团队将采用一系列方法，在工作室中创建和测试他们的奇思妙想。例如，他们会利用思维导图、图表、草图、语汇、理念和空间模型、杂志和书本上已经刊登的图片、设计师之前自己所做项目的图片等，同时，设计团队也会网罗"设计素材和资料"——色卡、产品目录、家具目录，当然还有材料样本。这些可能在工作室中常常见到，它们构成了工作室视觉特征的一部分，或者是从展览会或制造商处，专门

左图和上图
材料的保存方式可以凸显设计师工作室的个性，同时也能激发设计师的创造力。

为项目特别寻找来的新材料。阿什比和约翰逊在其《材料与设计》一书中对此过程这样描述道：

设计师脑中的创意如同一个大熔炉。优良的设计并不存在系统路径，相反，设计师应试图获取并保存大量对于材料、形态、纹理和颜色的想法，并将其进行重新排列和组合，以找出能满足设计任务书的解决方案及完成要求的特定想法。[1]

访问设计师工作室并观察整个创作过程将会十分具有启发作用。一些设计师在十分正式、整洁、秩序井然的环境中进行工作，但很多时候，他们的工作环境更像艺术工作室：墙上挂满了参考图片、笔记和图纸，同时还收集了能激发灵感的物品，材料样品到处都是——靠着墙壁、桌子底下、铺在会议桌上——这些都赋予工作室一种视觉形象和设计文化。这种随意性使材料能以意想不到的方式互相并置，打破了材料的使用常规，并鼓励设计师们创造其他的可选择设计方式。

在纯艺术范畴中，在交流作品理念时必要提到使用的材料及含义，例如：约瑟夫·博伊斯（Joseph Beuys）（德国人，1921—1986年），将毛毡和猪油等"承载性"材料象征性地进行并置；切尔多·梅雷莱斯（Cildo Meireles）（巴西人，1948—）使用骨骼、钱币和圣餐饼等材料和元素来建造其装置；詹姆斯·特瑞尔（James Turrell）（美国人，1943—）使用灯光来营造建筑空间。此外，一个更极端的例子是英国艺术家马克·奎恩（Marc Quinn）（1964—），他用自己的血作为创作材料。

这些关于材料的理论和实践方法，都可以被室内设计师所采纳，来丰富和充实他们的概念思维。材料可以进行选择，因为它们充满了意义和价值，因为它们可以增强叙事性并表达想法；材料可以进行交流，同时受众会自觉或不自觉地加以回应。

其他设计领域，包括服装和时尚设计等，同样也能够促进和影响材料的选择，它们都可以成为另一个扩展室内材料概念的启发性起点。

1 迈克·阿什比，卡拉·约翰逊，材料与设计：材料选择在产品设计中的艺术与科学，牛津：巴特沃思·海因曼出版社，2002：50。

左图

于德国出生的美国艺术家伊娃·海瑟（Eva Hesse）（1936—1970年）采用一种过程主导的方法来制造艺术品。她对普通材料、现成艺术品和树脂、玻璃纤维等（当时的）最新材料都有研究。如同海瑟作品所充分体现的，通过材料，这个物质操作，作品表现出的可能性和潜能变得十分明显。通过使用那些已经存在的材料，艺术家/设计师能够汲取与材料之前状态有关的含义，并将对此含义的转译或诠释放到新形式中。

奥匈建筑师阿道夫·路斯（Adolf Loos）（1870—1933年）倡导关注服装与建筑之间的关联，一个从早期覆盖人类身体的织物发展而来，一个从住所复杂的搭建结构发展而来。这两个学科都因保护的需求而产生。

侯塞因·卡拉扬（Hussein Chalayan）（1970—）是一位英国/土耳其塞浦路斯时装设计师，他以运用新颖的处理材料图案切割方法和使用新技术生成形态而著称。他曾提及他对科技和建筑方面有兴趣。其许多设计的主题涉及人的移位、家具和产品设计，具有象征性、空间性和建筑性。他所设计的衣服、紧固件等在细节上都设想了服装和室内之间的关系：一条裙子变成桌子，服装有门和装饰通过结构设计相连。

服装设计借用了空间设计的语汇，室内设计师也能借用服装设计的语汇，其中可以考虑：服装的品质（数字化构思和制造的创新型建筑纺织品——是当代信息型的室内）[1]，拉链、纽扣、挂钩和环扣等紧固件；过程和用来创造形态的相关图案切割和组装的语汇；包裹、折叠、打褶、缝合及编织的面料。所有这些工艺和技术都可以应用于室内材料，推动空间概念的发展。

1 马克·加西亚，建筑织物，伦敦：约翰威利出版社，2006。

左图和右图

侯塞因·卡拉扬的一些服装设计作品借鉴了空间和产品设计的材料和形式。图中这件服装可以收缩成一张"咖啡桌"，可为需要随身携带物品的无家可归者和流动人群提供帮助。

本页图

　　在为室内选择和细化材料时，服装与织物的语汇可以提供灵感，例如：创造形态和围合的面料切割和组合的方式；纽扣和拉链等紧固件；线、褶皱和花边。

除了从其他从业人员的作品中汲取灵感外，设计师们还可以与他人合作产生创新型材料的解决方案。触感工厂（Tactility Factory）是由崔西·贝尔福德（Trish Belford）（纺织品设计师）和鲁思·莫罗（Ruth Morrow）（建筑师）合作成立的一家专业公司。他们应用跨学科或交叉方法为室内创造出与众不同的创新产品。他们的产品之一——Girli混凝土，对纺织品作为结构"装饰"的传统感知提出挑战，将纺织品的生产技术与建筑产品（混凝土）的制作相结合，创造出创新型的"软质"建筑表面。其目的是在建筑环境中引入"主流触感"的概念。在赫兹尔·休伊特（Hazel Hewitt）和其"编织"混凝土的尝试中，也采用了类似的实验性方法。

上排图

崔西·贝尔福德和鲁思·莫罗将他们在纺织品和建筑方面的知识结合在一起，创造出一种具有特别触感的新型室内产品。

中排图和下排图

赫兹尔·休伊特对混凝土的美学潜能进行挖掘，创造出一种集成光纤照明的"编织"产品。其目的在于改变人们对混凝土这种材料的负面看法。

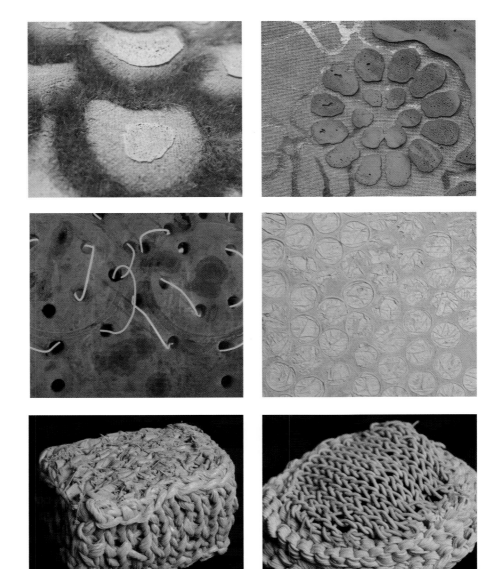

设计师们不断发展空间设计理念以满足客户在价值观、形象身份上的需要，根据项目任务书和场地特点做出回应。空间设计理念通常被认为是形式，然后再针对其特定性能来选择适当的表面或材料——即材料追随形式。这当然可以作为一种设计方法，但事实并非如此。设计理念和材料可以同时发展，或者材料也能够是空间设计方案的创建者。设计师可以用一种之前未曾使用过的创新材料来表明新的空间设计观点，或者用一种曾被用过的普通材料；在材料试验后再形成形式和空间设计理念。

本书下一部分将介绍更多设计师在材料选择应用时所需要考虑的因素。

本页图
在这个项目中，学生一开始进行了材料试验，并对线的利用方式进行了研究：针织、编织和缝纫。她的试验产生出一种空间设计方案——以旧衣服为原材料制造出一个编织围合体（最下方右图）。

阶段步骤：从表面到形态

室内空间的设计理念可以根据项目任务书和/或项目场地加以发展。然而，空间设计理念也可以通过材料实验和其创造出的形式获得。这个练习开始可以用纸张来进行，这是个具游戏性与分析性的试验，整个过程会有一些出乎意料、激发想象的发现。

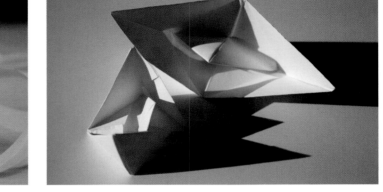

1 尽可能地列出许多不同的方法，改变纸的形态从平面到三维立体。先用不同的方法，折叠、切割、撕扯、刻划、刺穿、编织、包裹等，调整纸的形态，做好分析与对比。

2 用草图、照明和摄影记录实验情况。用这些照片分析创造出的空间形态。从虚实、明暗、开合等方面做对比。你能想到在室内设计中如何运用这一形态吗？

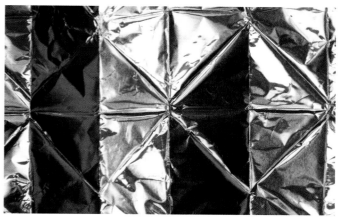

3 用各种不同的材料重塑空间形态。这张图中用的是醋酸纤维和金属丝。这些对比性的材料的运用改变了你对空间或形态的理解吗？设想一下它成为产品、房间或城市的尺度，它可能是什么样的？

4 运用手绘图、拼贴、摄影或合成照片，展示你设计的形态或空间的可选择性应用方案。

阶段步骤：组合材料

在项目的初期，材料的创造性运用可能来自一个玩笑。这个练习鼓励我们对不同的材料、如何并置有差异的材料表现令人兴奋的室内设计进行探索。

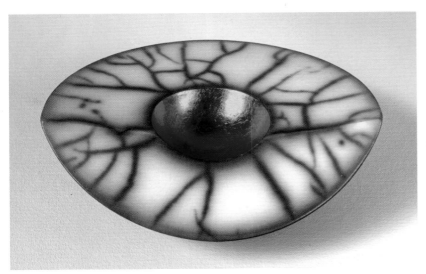

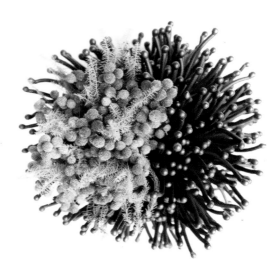

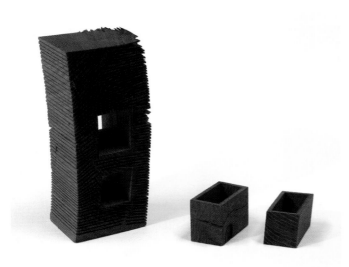

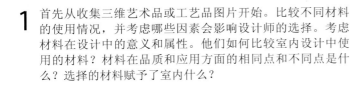

1 首先从收集三维艺术品或工艺品图片开始。比较不同材料的使用情况，并考虑哪些因素会影响设计师的选择。考虑材料在设计中的意义和属性。他们如何比较室内设计中使用的材料？材料在品质和应用方面的相同点和不同点是什么？选择的材料赋予了室内什么？

雕塑和设计者（从左上方顺时针方向）分别为：艾玛·约翰斯通、森纯子（60号生物体，2002年）、威尔·斯潘克（蛤蜊，雕刻雪花石膏）和大卫·勒佛·康顿（双层抽屉，橡木切割，2007年）。

2 在考虑材料的不同性质和潜在意义后，收集具有相反特性的样品（硬和脆、不透明和透明、粗糙和光滑等）。这里所显示的物体，依次为塑料和金属、石材和金属、石材和木材的组合。

3 使用多组材料，通过实验来探寻不同材料的结合、连接和固定等可行性方法（避免使用胶水）。用草图和照片记录你的制作进程。上面两幅图中所结合的材料分别是铁丝网和玻璃碎片、织棉和塑料线。

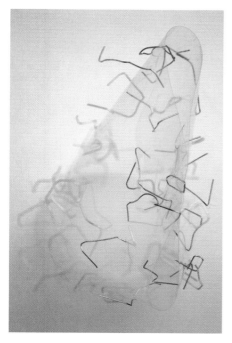

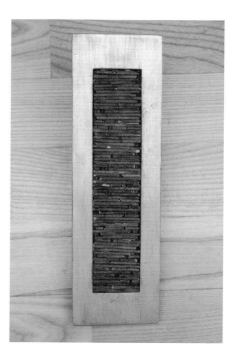

4 选择你最喜欢的一对材料，创造出一个能表达材料差异性的三维组合体。考虑这些实验如何渗透到室内用材上。它们是否能给出创造或细化空间、增建设计可能性的建议？在这些案例中，金属分别与纸、黏土和木材进行结合。

第三部分
材料的应用

55   8. 材料的特性

91   9. 材料细部

下左图和页底图

一些戏剧性的活动，比如时装秀等都可以为设计师提供创造创新型临时构筑物的机会。在这个由格罗斯创意公司和LAVA建筑实验室推出的时装发布会布景中，设计师们建造了一个18米 × 5米的壳体，它由两千块切割精良的松木组成。

下右图

在另一个为同一时装销售商所做的布景中（由格罗斯创意公司与制造商瑞兹及平面设计师克罗拉创意与金伯勒·威特克沃斯基设计），采用了环形和打结的醋酸纤维及绉纸，创造出雕塑般的形态。

经过项目构思阶段后，设计师的理念便更为具体，并开始发展细部设计。在这个阶段，设计师会开始对所选择的材料进行严格的分析，评价材料的品质和它们在应用时的适用性。其中包括对项目整体语境下（包括功能和美感）材料特性和材料细部：并列处，节点和交接点，配件和紧固件，安装和施工等的考虑。

8. 材料的特性

特性：性质或特有属性，例如材料的密度或强度。[1]

经验丰富的设计师通常会凭直觉处理材料，并且也了解材料在各种应用中的适用性。然而，对设计师来说，对这些判断提出质疑，并确保自己在运用时，对材料特性都有充分的了解是非常重要的。例如，了解材料是持久耐用还是脆弱易碎，是吸音材料还是会产生回音的材料。设计者必须具备这方面的知识，以便对材料的适用和材料的色调与特定项目或计划的匹配与否做出明智的判断。对之前的想法提出质疑，挑战常规，也能产生更具创新的设计。

同时，也可能使用其他设计领域的材料。用于汽车制造及生产、包装和其他商业行业的材料都可以用在室内环境中。设计师需要创造性地看待这些材料，并批判性地分析其新的利用可能性。

在对特定用途的材料进行评价时，可能要考虑其在功能、相对性、感官、环境和主观性等方面的特性。下面对这些特性逐一展开说明。

功能特性

在选择材料时，设计师必须平衡项目出于技术和功能需要所作出的美学判断。功能要求会根据环境而有所不同，例如，用在临时展示、舞台或品牌游击店设计中要求的材料便会与用在更为永久情况下的大有不同。

一些室内介入项目或设计暂时性的特质可以使设计师解放思想，对多种材料进行实验。他们可以挑战常规，测试材料的极限和可能性。设计师不会过于关注材料的持久性，而是会优先考虑材料在功能和美学等其他方面的特性。许多当代从业者已经把握住了这个创造富有创新性的临时室内空间的机会，以下几页中的项目将做出说明。

当做医院、学校或博物馆等更具永久性的室内设计时，材料规范变成繁重的责任。一旦设计师完成了这类项目，他们便将材料留给了客户。客户们会与材料"共存"；他们也许会因这些材料得到深刻的体验，也许会因为材料规格不恰当、不合适需要不断进行维护修理，甚至更换而感到沮丧。在处理这些情况时，设计师们仍

1 柯林斯英语词典（21世纪版），伦敦：哈珀柯林斯出版集团，2003。

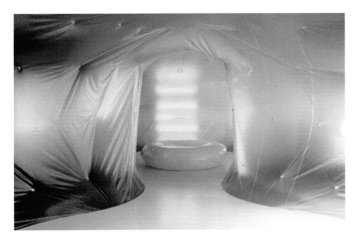

本页图

　　威其传媒建筑事务所是总部设在维也纳的一家以研发为主的建筑设计事务所。建筑师们采用创新材料和新建造方法，为全球范围内的展览或活动设计临时性的结构和空间。他们将当代材料技术与尖端媒体系统相结合，创造出多种极具感官享受的环境。其设计案例包括2002年芬兰赫尔辛基"全球工具"展中的装置（如上图及右上图所示），以及2008年在瑞士巴塞尔为施华洛世奇（Swarovski Enlightened TM）设计并获奖的"环境宝石"（见右图）。这个展馆采用一种半透明的充气材料建造，若干充气的小平面创造出一种晶体形态。在这种情况下，材料的功能要求提供一块临时的品牌围合区，便于运输和组装。当建造非永久性的构筑物时（材料的复原能力和维护并非首要考虑的问题），设计师必须考虑方便运输和组装（可能不止一次），以及构筑物需要经受住大量好奇游客的触摸。

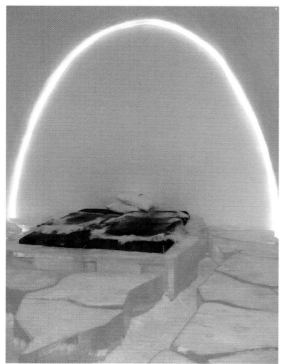

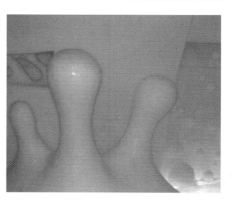

本页图
　　瑞典的冰屋旅馆是临时性材料用于室内的一个极端例子。旅馆每年都有艺术家和设计师用冰雕刻。它在夏季消融，到冬季又由不同的艺术家和设计师们进行重组改造：每年的更新反映着四季的变迁。

左图

英国布莱顿皇家亚历山大儿童医院（Royal Alexandra Children's Hospital in Brighton）（由BDP设计）所用的室内材料设计师都进行了仔细地选择，其中主要考虑了美学特性、耐用性、易于清洗和维护等因素。

右图

土耳其伊斯坦布尔的一块石踏步，由于经年累月不断踩踏而遭磨损。

可挑战材料的使用惯例，但同时他们也必须考虑材料的使用寿命，并确保材料的持久耐用和良好的适应性，且维护成本合理。总之，材料必须符合设计意图。

当进行持久性设计时，室内设计师还必须考虑材料的功能会随时间的流逝而发生变化：木栏杆在多次触摸后会磨损发霉，金属门把手反复推拉会形成特有的光泽，而石台阶在不断踩踏下也会磨损。材料的"附着"方式将会赋予空间一种永恒的特征感。

它将空间和用户相连，材料反映了日常的使用：

木材有自己的气味，它会老化，甚至还会生出寄生虫等。总之，它是一种已经存在的材料。对我们每个人来说，"实木"（solid oak）概念便是一种存在着的理念，它会在世代祖屋、大量的家具中生生不息。[1]

这些材料的变化可以增加室内的特色；它们与人的伤疤和皱纹一样，记录下时间的流逝、个人的历史和经历。

材料可以满足大量的功能需求（参见141~155页的分类说明）。然而，需要注意的是，材料的一些功能特性会受到规范和法律的管制。立法文件描述了材料应该如何起作用，以打造出具有包容性的环境，并将用户的健康和安全风险降至最低，例如限制火焰的蔓延，或将跌倒的风险最小化。这不仅对那些可以看见的材料，对那些隐藏在表面下的材料也同样适用：找平砂浆层、基底层、填充物、框架系统等等。

设计师的工作就是去指定所有这些组件，并确保它们运作良好。这项任务可能十分艰巨，但是有大量的参考材料和文献可供研究和分析，并且还有专业供应商可以提供建议。由于没有全球性标准文件，所以设计师们必须熟悉他们工作所在的国家的法规。

1 让·鲍德里亚引自马克·泰勒与朱莉安娜·普雷斯顿，Intimus：室内设计理论读本，伦敦：约翰·威利出版有限公司，2006：40。

特定功能的提示

在评估材料的功能性能时，耐用性和易维护是主要应考虑的因素。但是，与材料功能相关的标准还有更多，在此无法一一列举，其中可能包括：

声学特性的材料 能吸收或反射声音，或者可以在不同空间之间提供声学隔离

抗压或抗拉材料 可以用来作为结构材料

经特别设计的**卫生材料** 可用来减少感染或污染的风险，例如用在工业厨房中

光导材料或发光材料 可以用来传导光线，同时还具有不同程度的半透明和不透明性

防水材料 可以防止水的渗透

安全性材料 可以减少受伤的风险，例如游泳池里的防滑地面

热性能材料 可以提供绝缘帮助，以减少加热或制冷空间所需的能量

耐火材料 可以阻挡火焰在表面蔓延或火灾的扩大

相对特性

不同的材料之间会相互影响它们各自的光辉，所以材料的组合也是独特的。对于材料的探索是无止境的。[1]

与室内设计相关的一种巨大乐趣和重要技巧便是在三维空间组合材料。优秀的室内设计师们能够充分发挥材料可感知的特性，并了解所选单个材料的特性，同时对这些材料在技术和美学上的相互关联有所了解。

各材料间的接近度十分关键，这取决于材料的类型和重量。不同材料的组合可以放进一座建筑里。如果从某种角度上看，它们彼此之间离得太远而无法产生影响；而从另外一种角度上看，它们又靠得太近，这便扼杀了材料的特性。[2]

设计师所面临的挑战就是把不同的材料协调地运用，形成一个具有节奏、音调、平衡性、对应、和谐或冲突的有机整体。材料能够传达意义，唤起记忆和营造氛围，很明显与音乐、艺术具有相似之处。当组合不同的材料时，考虑与这些领域相关的语汇会很有帮助。

1 彼得·卒姆托著，建筑氛围，巴塞尔：Birkhäuser出版社，2006：25。
2 彼得·卒姆托著，建筑氛围，巴塞尔：Birkhäuser出版社，2006：25。

右图
在扎哈·哈迪德建筑事务所设计的日本札幌（Sapporo）曼休妮餐厅中，红黄色的"旋风"向顶棚盘旋而上。黑色的生物形态的沙发与此相对应，创造出一组由形与色构成的不协调的爵士交响乐。

左图
2011年，在伦敦维多利亚和阿拉伯博物馆（Victoria & Albert Museum）由布鲁莱克兄弟事务所设计的"纺织品之原野"。这个设计由彩色泡沫织物完成，运用了节奏和图案重复的理念，为主体构造提供了有趣的对比。

提示　音乐和艺术共享的词汇

和弦　同时发声的一组音符，通常为三个或更多的数量

色彩　绘画中用于区别构图、形式和明暗等的色调。在音乐中指乐声的独特音调

构图　艺术作品各部分相互关联、协调组合的安排

对位　两个或更多的旋律同时发声而产生的音质

不和谐　刺耳而混乱的声音的混合

节奏　由虚实、明暗、颜色等交替而成的和谐排列或图案

色调　图片中由色值和明暗等级呈现的效果

定义来自柯林斯英语词典，21世纪版，2003年版。

弗雷德·斯科特（Fred Scott）在其所著的《建筑改变》（On Altering Architecture）一书中指出，室内设计与美术实践之间具有相关性，同时在现有建筑中采用拼贴和介入也具有相似性：

拼贴和介入之间的相似性使设计师可以采用与艺术家相同的一系列实践和策略，尤其是在已完成的作品中进行偶然和即兴创作。两者都是从不同的元素、新和旧、发现和给予中进行创作组合的过程。介入性组合与综合立体主义作品之间的相似性是显而易见的。[1]

艺术中的拼贴手法对室内设计也有很深的影响。其设计实践始于20世纪初的乔治·布拉克（Georges Braque）（法国，1882—1963年）和帕布罗·毕加索（Pablo Picasso）（西班牙，1881—1973年）的作品。他们都用"拾得的"图像和材料去创作一幅崭新的画作。这种粘贴或分层材料的技术已经被其他人所采用，例如德国艺术家库尔特·施维特斯（Kurt Schwitters）（1887—1948年）和英国设计师本·凯利（Ben Kelly）。

在本·凯利的许多设计项目中，他将不同材料组成调色板如同一个三维拼贴组合，产生出色彩、色调和质感相平衡的不同材料的并置。虽然他并未有意识地参照某一特定的绘画或艺术作品，但艺术实践和理论对其作品的影响十分明显，两者非常相似。

组合材料时，绘画可以成为灵感的来源。艺术家可以教授设计师使用色彩及色彩如何影响情绪和情感（见68页"感官特性"）。绘画也可以提供如何平衡饱和色与自然色、互补色或协调色，以及明暗色调的建议。一位艺术家在材料图案和软硬等对比材质的选择中需要把握好比例关系。

设计师也必须考虑材料的尺度在空间中如何相互关联。例如，一种材料未减缓的延伸也许会被相对比的材料更小的部分所抵消。设计师也必须了解砖或陶瓷锦砖等模块化材料的尺寸如何与房间的整体尺度相互关联——空间大小的不同，对于砖材的阅读或体验将会大不相同。

1 弗雷德·斯科特著，建筑改变，纽约：罗特里奇出版社，2008：156。

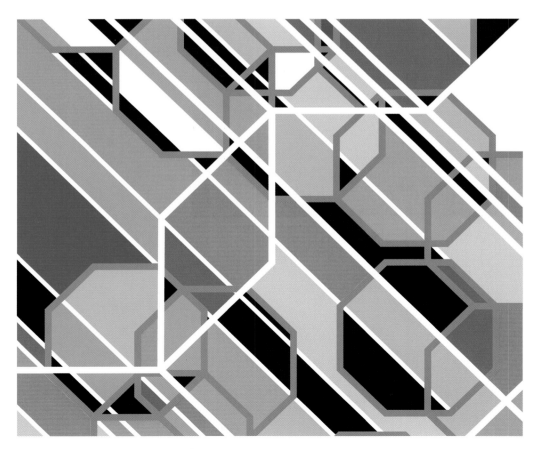

左图
　　莎拉·莫里斯（Sarah Morris）在其2004年的油画《索尼（洛杉矶）》中，将互补而协调的色彩相并置，以创造出张力、节奏和对位。类似的用色也用在本·凯利所设计的生产公司中（对页图）。

在为伦敦生产电影公司做出的设计（1995年）中，本·凯利将不同的材料进行拼贴，创造出多层的质感和颜色。他的设计展现了拼贴艺术家的实践成果，并显示出画家对色彩的理解。

正如本书第一部分所阐述的，一个室内设计项目可能属于以下三种情况之一：已建成或构思中的一座新建筑；一个临时地点；已经使用过一次或几次的一座现有建筑。任何一种情况下，设计师都会面临一个既有的材料环境，并将用新的室内介入设计材料与之对话。因此，设计师必须决定介入的材料如何与承接的背景环境相关联。材料的颜色与形式可能呈和谐或是紧张关系；新材料的介入可能表现为共生或寄生关系；新材料的组合也许会在对比中显露或隐藏互补性、并置性和侵入性。

除了协调颜色组成"配套"材料，室内设计师还必须考虑材料表面质感的呈现、活动家具、物品和摆设等，并决定它们如何与整体相关联。桌椅、地毯、轻质窗帘和百叶窗等都可以点缀房间，并使空间适宜居住。

虽然更多像家具（古典椅子是一个很好的例子）和工业制品等短期摆放的元素，也会由设计师进行设计或选择，以便与整体材料相一致和关联，但随着时间的推移，它们会移动、更改、替换或增加。这种使用是一个动态的过程，使室内充满生气：

单体部分呈现出各种各样的处理、材料和饰面……各种元素都想独树一帜，能在不根本改变房间特征的情况下，被随意移动。[1]

这些与我这个建筑师无关的东西，把它们安置在建筑里，安置在最合适的地方的想法中——使我能洞察我所设计的建筑的未来，一个没有我参与也会发生的未来。这会给我带来许多有利条件。它可以有助于我设想我所建造的房屋空间的未来，想象它们实际使用的情况。在英文中，你可以将其称之为"a sense of home"（家的感觉）。[2]

1 让·鲍德里亚引自马克·泰勒与朱莉安娜·普雷斯顿，Intimus：室内设计理论读本，伦敦：约翰·威利出版有限公司，2006：188。
2 彼得·卒姆托著，建筑氛围，巴塞尔：Birkhäuser出版社，2006：39。

下左图及下右图
谈到传统图书馆的当代室内设计可以从埃尔丁·奥斯卡森建筑事务所为总部设在斯德哥尔摩的杂志和网页设计局奥克塔维拉设计的室内看出。设计期刊被用作一种创意隔断材料，提供视、听觉上的区隔，并赋予工作室一种独特的视觉特征，同时也表现了客户所从事的行业。

左图与下图
在这个纽约D'espresso咖啡吧项目中，也参考了传统图书馆的设计方法，尼玛设计工作室重新设想了图书馆的设计理念，将其旋转了90°角：传统的镶木地板变成一面墙，印在瓷砖上的书本插图沿着墙和地板排列；最后，吊灯不是垂直吊下，而是从墙上挑出。

在组合不同材料时，可能会忽略其他中等尺度的室内物品，但它们对室内材料的质感具有很大的影响。这些物品可以是装饰性的，也可以是表现用户或使用者身份的不可预测的个人财产。

威兼·伯拉罕在他的《书墙》（A Wall of Books）一文中曾这样写道：

艾尔西·德·沃尔夫（Elsie de Wolfe）（美国，1865—1950年）也能理解书本作为一种工具，将丰富多彩的变化引入男性化的刻板型图书馆的自然颜色之中。"在这里，或是任何地方，你都会明显觉得棕色木材单调，但是设想上千本有着亮闪闪封面的书籍……难道你看不到这间柏木房间正是因色彩而绚丽夺目吗？"[1]

1 让·鲍德里亚引自马克·泰勒与朱莉安娜·普雷斯顿，Intimus：室内设计理论读本，伦敦：约翰·威利出版有限公司，2006：60。

室内外植物与艺术品也可以增加室内的含义、色彩和质感——它们临时性的材料品质，会因有机改变或增减数量而发生改变。利用数字投影也是一个塑造室内的重要动态方法，因为视觉图像、色彩和光线会时隐时现。

当用户对所选材料营造的氛围及感官性质做出反应时，不同材料及材料如何互相关联便将会使用户产生身体和情感上的回应。

右图和右下图

投影——这里被用在音乐颁奖典礼（由LAVA设计）中——当材料、光线、色彩和图案都变成动态之时，可以彻底改变室内，使人们产生空间不断变换的体验。

左上图

由汉普郡建筑师事务所（Hampshire County Architects）与艺术家艾琳·怀特合作设计的英国汉普郡滑铁卢维尔儿童图书馆。艺术家们往往被委托在室内结合材料、色彩、图案和形式来增强空间体验。

左下图

在英国沃特福德（Watford）英国电信（British Telecommunications）总部，BDP室内设计团队与艺术家大卫·麦克林维尼展开合作，艺术家使用亮边有机玻璃、不锈钢承载电缆，创造出一个动态介入物。

右图

由汉普郡建筑事务所设计的英国汉普郡（Hampshire）艾伯特·安小学。室外植栽将室内"上了一层颜色"，作为有机材料的景观，它们的质感、形状和图案可以软化室内外的边界；同时，也可以将室内材料进行设计和上色，以表现室外的自然世界。

感官特性

对于建筑的每次体验都是多重感觉的：空间的特性、重要性、尺度可通过眼、耳、鼻、舌、皮肤、骨骼和肌肉等来度量。建筑强化了存在的体验——人存在于世界的感觉，并且这基本上就是一种自我强化的体验。除了视觉等五种经典感觉，建筑还涉及几种相互作用和相互融合的感觉体验。[1]

当为室内选择材料时，设计师必须将空间现象学纳入考虑范围：用户将如何在身体和情感上对空间的感官特性进行体验和回应。其中包括触摸表面时的感觉及由某种气味或特别声响而引起的记忆等。这些体验都是相互联系且一体的。

"感官"在传统上是指五种经典感觉（由亚里士多德所定义）：视觉、嗅觉、触觉、味觉和听觉。除了熟知的这些感觉，还有许多其他被人们所认同的感觉，其中包括：动感；平衡感；本体感受；自我意识（我们在空间中的位置）；生活/舒适（幸福）感；精神层面上的敬畏和惊奇感。这些感觉都需要靠设计师营造。

胡阿尼·帕拉斯马在他所著的《皮肤之眼》（The Eyes of the Skin）一书中，认为在西方国家，视觉的特权抑制了其他感官，出现一种被称为"视觉中心主义"的现象。他声称这种空间设计中的视觉优先性已经使建筑景观变得没有创造性，并且无法使多元感官完全参与到我们的环境中——这是一种感觉被剥夺或压制的形式。

目前，不同从业背景者（艺术家、设计师、舞蹈家、心理学家等）已经达成共识，即身体和其对空间的阅读或感知已被人们所忽视和低估。他们认为，我们的感官并不是独立存在并作出反应的。科学已经证明，不同感官之间具有复杂的交叉联系，例如，我们可以用眼睛去"触摸"，用鼻子去"品尝"，用皮肤去"看"和"听"。

当代对"感知"的定义也认识到人的空间体验的主观性特点，同时也认为我们的身体与生理学、神经学、历史学、社会学和联想等方面的记忆相随，这些记忆使我们对事物的理解和反应变得丰富多彩。

对材料特性的评估用于某一特定项目中时，设计师应考虑材料的感官特性和并置在三维空间中时所营造的氛围。材料可以带给人整体、多元感官的体验，或引起某一特定感官或多种感官的运作。下面我们就要使用五种经典感觉来探索一些可能性。

视觉

当评估材料的视觉影响时，设计师需要了解光产生的效果，这使我们可以在视觉上感知材料的深度、形式、质感、色彩、外形、半透明、透明和不透明。材料表面的辐射率、反光特性和它对空间的影响也十分重要。

光能戏剧性地改变空间：它能改变空间的色彩、"温度"和氛围；能改变我们对体量、尺度和形式的理解；能影响我们的情绪、健康和表现能力；同时，随着昼夜和季节性光线水平的变化，我们的精力和情绪也会周期性地发生转变。

光质会因半球不同、经度和纬度不同而变化。在北半球我们能体验到强烈的季节反差，为这里的建筑所选择的材料就会与用在季节恒定的纬度地区的材料不同。光能改观材料和我们对空间的解读，同时，它也能用来作材料，来创造边界、终点、节奏、速度和故事。光能够照亮和塑造"舞台"，在这个"舞台"上，人们展现日常活动、庆祝、游戏、哀悼、沉思和交流。

1　胡阿尼·帕拉斯马著，皮肤之眼：建筑与感官，伦敦：约翰·威利出版有限公司，2005：41。

上图

彼得·卒姆托所设计的奥地利布雷根茨美术馆（Kunsthaus，Bregenz）。这个空间被质感的光影和硬质混凝土与半透明玻璃对比面层间的相互作用所限定。

左下图和右下图

这些学生拍摄的图像表现出当阳光穿过窗户、织物和装饰框时，光影所具有的生动而颇具神韵的潜能。光就是一种可以被设计师操控的"材料"。

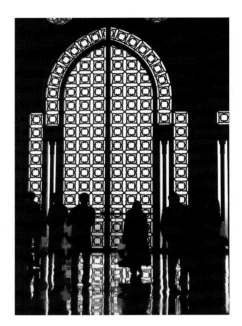

上图

材料可以用来增强光线和构成形式之间的相互作用，也可以创造明显的照明效果来界定室内。

下图

2001年由NL建筑设计（NL Architects）与楚格设计（Droog Design）所设计的巴黎鸳鸯旗舰店。光和色彩被映射在高度抛光的地板材料上。这种效果可以通过使用抛光混凝土、石材或灌注树脂材料获得。

空间色调的构成是通过对自然光、人造光及所选材料的色彩和色调的控制获得的。这些因素中任意一项的轻微调整都可以改变对空间的体验。设计师的意图可能是营造一个黑暗、反省或沉思的环境给居住的人，或是创造一个内外具有流动性、明亮而令人振奋的环境。不同的情况，采用不同的材料和照明策略。

詹姆斯·特瑞尔（James Turrell）是一位探索自然光和人造光潜能的装置艺术家，他曾这样说过："我所感兴趣的不仅是应对我们所感知的身体极限，而且还有我们所学的极限。"光就是他改变空间视觉感知和体验时所采用的材料。

在艺术家基斯·索尼尔（Keith Sonnier）与建筑师鲍姆施拉格与埃伯勒所做的慕尼黑再保险公司总部（Munich Re Group Headquarters）设计中，利用人工照明产生了显著的效果。他们运用色彩理论（在这个设计案例中所采用的是补色），并可能从詹姆斯·特瑞尔的艺术实践中汲取灵感，设计出一个充满彩色霓虹灯的室内。他们所采用的反光铺地材料也增强了这个"彩绘"室内的沉浸感。

艺术家马克·罗斯科（Mark Rothko）（美国人，1903—1970年）、理查德·迪尔本康（Richard Diebenkorn）（美国人，1922—1993年）、布里奇特·赖利（Bridget Riley）（英国人，1931—）、保罗·克利（Paul Klee）（瑞士人，1879—1940年）及帕特里克·赫伦（Patrick Heron）（英国人，1920—1999年），都是善于利用绘画中的色彩激发室内一系列色彩组合的极佳例子。他们及许多其他画家的作品，都对许多室内设计师产生了影响。绘画可以加以诠释，并通过细致的色彩、色调与照明并置，来创造有氛围、有凝聚力的综合室内空间。

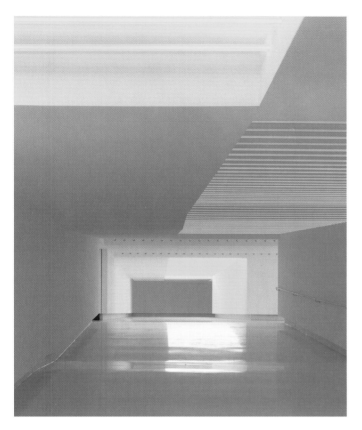 

左上图和右上图

慕尼黑再保险公司总部。基斯·索尼尔与建筑师鲍姆施拉格与埃伯勒，创造出一个使用霓虹灯的永久性装置。光与色改观了连接两座建筑的长走廊，创造出一种具有沉浸感的"彩绘"室内空间。

米尔外因、罗德克与曼克的《色彩：建筑空间的交流》一书中，探讨了色彩带来的心理效应，并指出空间在视觉上可以带来刺激不足或过度刺激：

刺激不足和过度刺激相对立，其中可以体验到一定感知量的信息。视觉刺激量（色彩、图案、对比等）、极度乏味和感觉缺乏都会导致刺激不足，而极度的刺激过剩则会产生过度刺激。过度刺激会引起身体或心理的变化。在身体层面，会影响呼吸和脉搏频率，血压升高，肌肉会紧张。研究表明，刺激不足会使人出现烦躁不安、易怒、无法集中精力和感知混乱等症状。

伯莱因与麦克唐奈发现，多样、不和谐及混沌的图案会使刺激度增加。[1]

1　G.米尔外因，B.罗德克，F.曼克著，色彩：建筑空间的交流，巴塞尔：Birkhäuser，英文版，2007：22-23。

右图

在澳大利亚特斯特冷饮酸奶品牌店的室内设计，莫里斯·塞瓦提可使用补色和垂直图案创造出震撼视觉的效果：其中的图案指的是布里奇特·赖利的欧普艺术。

下图

在选择和定位材料时，设计师必须仔细考虑色彩的色调分量及其对室内所产生的影响：顶棚显得更低或更高，房间显得更窄或更长。

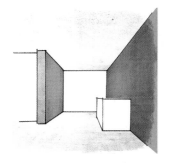 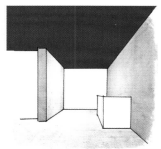 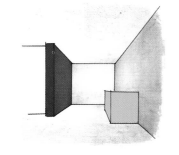 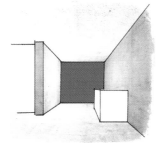

对设计师来说，理解视觉刺激对房间或场所居住者可产生的心理影响十分重要。有色图案材料可以用来传达文化和宗教特征、财富和地位等信息，它们可以使人们平静，让他们放松，或者刺激和激励人们。可以对用在餐厅和咖啡厅中的材料引起的视觉差异进行考虑：餐厅鼓励消费者停留下来，并沉浸在用餐体验中，而咖啡厅则希望有很大的人流量。这其中还涉及听觉、嗅觉、触觉等其他感官差异。

对视觉图案和装饰材料的利用可以根据功能、地点、时间和文化来做选择。在西方及其他地方，装饰风格又重新出现，色彩和图案被用来创造出"沉浸式"的室内空间。这也许是对新技术的回应。这些流行趋势让20世纪50年代、60年代和70年代的艺术和设计重焕生机，同时也是对现代主义的反抗。现代主义的哲学观是避免采用装饰，打造极简主义的室内，这种方式被当时许多建筑和设计界人士采用，但从更广的社会层面来看，人们也许对此并不很感兴趣。

本页图

21世纪见证了高度装饰、沉浸式室内的重新出现；这在科尔与森的壁纸设计（左下图中为《海克的六边形》）中和马塞尔·万德斯（Marcel Wanders）在巴林（Bahrain）维拉莫达豪华时装店的设计（上图）中可见一斑。在万德斯的设计中，他将传统图案进行扭曲和放大，将普通材料和形式的尺寸加以夸大。

阶段步骤：了解色彩

色彩是任何一种材料都不可缺少的，设计师了解色彩理论并能使用色彩去限定三维空间十分重要。下面的程序说明了发展色彩理论知识的方法和尝试空间中用色的不同方法。如果你不了解色彩理论的最新知识和研究，那么我们建议你画出一个色轮，并确定原色、混合色和三次色。另外，试着去了解补色和色相、明度、色调、饱和度、深浅和协调等术语。这也是进入下面的任务之前需要了解的学科基础。

P=原色：
红色、黄色、蓝色

S=混合色：
橙色、绿色、紫色

T=三次色：
红紫色、紫蓝色、蓝绿色、黄绿色、黄橙色、红橙色

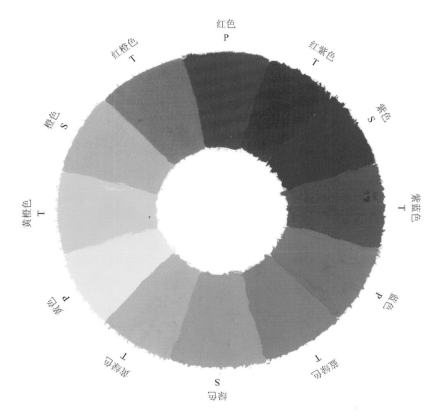

1 尝试采用混合补色进行色彩配对（加白色），以创造出一系列微妙的色调、灰度和中性色。

 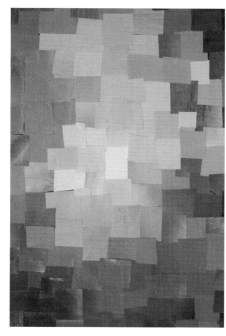 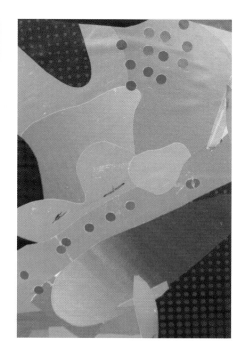

2 用从杂志上剪下的彩纸完成一系列抽象构图。利用这些色彩，创造出具暖色调、冷色调、协调色或互补色的构图。试验不同的色彩比例和色彩组合，同时考虑色相、明度和饱和度。

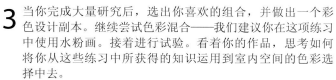

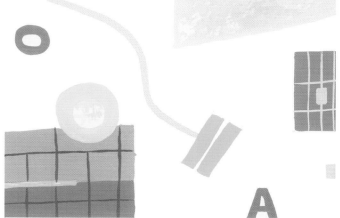

3 当你完成大量研究后，选出你喜欢的组合，并做出一个彩色设计副本。继续尝试色彩混合——我们建议你在这项练习中使用水粉画。接着进行试验。看着你的作品，思考如何将你从这些练习中所获得的知识运用到室内空间的色彩选择中去。

上图和下图
设计师应仔细考虑空间与身体的互动和带给人的触觉体验。

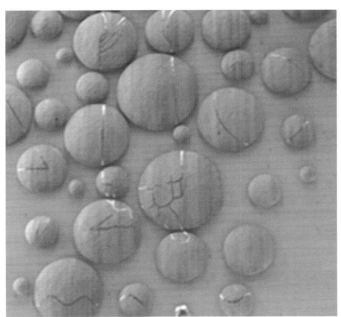

触觉

……黑格尔认为，只有触觉才能给人以一种空间深度之感，因为触觉"可以感知主体材质的重量、阻力和三维形态（完形），并因此使我们意识到物体沿着各个方向从我们的身体向外延伸"。

触觉会先于视觉了解物体。我们可以将触觉想象为无意识的视觉。当我们的目光掠过远处的表面、外形和边缘，无意识的触觉会确定这是否是令人愉快的体验。远与近的体验程度相同，它们融合成一种连续的体验。[1]

通过触觉，我们对建造环境进行记录和诠释，并因触觉体验产生生理、情感和智力上的反应。这种感官知觉的形式有时被称为"触觉系统"。

作为设计师，我们可以通过一些思考来提高并在某种程度上控制这种生理、心理的体验。例如：对门把手或门重量的感觉；登台阶的步长；我们的身体与房间高、宽、深之间的关系，这些因素可解放或压抑身体；空间的节奏和"步伐"；手与脚触碰的质感；我们触摸的物体的温度等。

不管是有意识或无意识，我们的身体都一直在不断与我们的物质世界对话着，设计师应该对物质世界的特性做出清醒的决策，例如材质的并置和对比、倚靠的墙体、坐着的地板和握住的栏杆等。

11 胡阿尼·帕拉斯马著，皮肤之眼：建筑与感官，伦敦：约翰·威利出版有限公司，2005：42。

上图和中图

菲利普·拉姆建筑事务所（Philippe Rahm Architects）将温度作为一种材料：场所的冷热、高温和潮湿。在为2008年威尼斯双年展设计的"美味的湾流"展厅中，他们探讨了这些"材料"的潜能：其中摒弃了传统的墙和门等空间边界，而采用温度的变化来限定空间，创造出入口和界域。

下排图

诺森是一位日本艺术家和设计师，他所设计的装置通常会强调多感官空间体验的某一特定方面。他采用肌理和透明度略有不同的材料，创造出缥缈的、通常是单色的空间。在其作品中也对"触觉系统"进行过探索和尝试。在其展出于日本K画廊的展览TECHTILE#3中，有20多人共同进行参与，这件集体作品将意识无法感知，但身体却能"记忆"的日常表面肌理视觉化。集中在展厅中的金属箔片做成铸件被用来创造出城市表面——一种城市触觉、质感体验的沉浸和记忆。

嗅觉和味觉

　　对设计师来说，选择材料时，空间闻起来或"尝"起来怎么样似乎不太可能作为首要的考虑因素。但是，嗅觉是一种原始的感知，并可以促进长期记忆；它可以深深地唤起情感，并使我们想起发生在许多年前的空间体验：

本页图

　　三年级学生霍欧·纳达（Fiona Damiano）在为朴茨茅斯大学毕业典礼重新设计方案时，增加了一些新的设计手法，其中包括：将花卉用作一种视觉和嗅觉符号，用来告知学生和当地居民毕业典礼和学术庆祝时刻已经到来；花香被用来限定路线，并用来庆祝毕业。

　　他父母的房子是镇上一座创建期资产阶级的别墅，其中，正式社交会客厅中采用了极好的拼花地板，除了圣诞节等特殊节日，儿童［包括儿时的汉斯-格奥尔格（Hans-Georg）］都不允许进入。……伽达默尔（Gadamer）将这样的表面称作"某种神奇的东西"——一块极好的木地板，维护良好并经过抛光，以至于空间里都充满了蜡的气味。[1]

　　某些气味与不同的感情状态相关联；教堂里的焚香、烤面包、煮咖啡或浴室里的精油的气味，都可能使人产生幸福感。

　　在婴儿时期，我们的嗅觉、味觉和口腔感觉都被用来建构我们对世界的理解。对所有的材料和物体都用口鼻进行探索：感知气味、品尝味道和感受触感。当我们慢慢长大，其他的感官发育后，这些本能的行为便变得不太重要，但是，我们依然用这种方式对周围环境进行强有力的解读：

　　在触觉和味觉体验之间存在着一种微妙的转移。同样，视觉也可以转移到味觉；特定的色彩和精美的细节都会触发味觉。精致的抛光石材表面可以在潜意识中被舌头进行感知。[2]

　　这段引用表明除了材料特性如纹理外，色彩也可以引起一种口腔反应：红色或蓝色的"味道"。

　　一处新的增建设计场地也许也会具有味觉和嗅觉的特征，金属、塑料、橡胶、木材、清漆和蜡等原来的材料都会散发出特别的气味和味道：辣、酸、甜、咸、清淡等。这些气味和味道都可能成为新的增建设计选材纳入的考虑因素，因为"包含性"的感知系统将这些感觉等同于色彩、色调或质感。

1　让·鲍德里亚引自马克·泰勒与朱莉安娜·普雷斯顿，Intimus：室内设计理论读本，伦敦：约翰·威利出版有限公司，2006：145。
2　胡阿尼·帕拉斯马著，皮肤之眼：建筑与感官，伦敦：约翰·威利出版有限公司，2005：59。

听觉

我们可以对空间中材料的声学特性进行处理，来增强声音的传播或吸收。坚硬的材料可以用来反射声音，并创造出听觉上"活跃"和有回响的房间。在这样的空间长时间停留也许并不舒适（这通常是教室中会碰到的问题）。或者，也可以采用穿孔材料、织物和地毯来减音和吸音。再看看人们长时间逗留的豪华餐厅与地方咖啡厅之间存在的差异——二者由于选材不同，声音的品质也大相径庭：

听着！室内就如同一个巨大的仪器，收集声音，进行放大，并将它传播到其他地方。这与每个房间的独特形状及组成它们的材料表面有关，也与那些材料被应用的方式有关。[1]

我们可以对材料进行选择，来优化与空间功能有关的听觉体验。比如，礼堂具有非常特殊的声学要求，其形式和材料为反射、传达和吸收演讲、歌曲和音乐的声音服务。当音乐家们谈到其最喜欢的表演场所时，他们通常指的是空间的声学品质。在其他环境中，比如住宅室内或办公室，"隔音性"就十分必要，为了保持私密性，材料可以用来吸收和含摄声音。声学工程师们（声学家）了解声音科学，同时可以对合适的材料规格提出建议。

奥地利艺术家伯恩哈德·莱特纳（Bernhard Leitner）（1938—   ）是声音装置的创始者。他的声音空间雕塑（或建筑声音景观）使用声音来吸引、引导和界定空间，同时拥抱和包围使用者。声音并不只是用来听，还可以用内心加以体验。艾德温·范·德·海德（Edwin van der Heide）（荷兰，1970—   ）也是一位对声音特性感兴趣的艺术家和研究者。其荷兰的声音作品"声尔住宅"（Son-O-House）中，材料和形式被用来创造空间，其中游客既是观众也是作曲者：传感器检测到游客的活动，并把其转换成乐谱和音乐表演。这个金属结构所采用的有机形态反映出空间的动态特性，即一个不断变化的音乐景观。

设计师对这种艺术尝试和研究的形式产生了共鸣。正如前面所述，当考虑空间的声学品质时，材料的选择便具有了实际的含义，但是，如同这些艺术作品所显示的那样，声音已经不仅仅只是一种听觉体验。

设计时考虑材料的感官特性，不仅可以使所有室内用户受益，还可以提高空间的包容性。比如：在重要入口或与大门材质具有视觉对比的硬件上采用有触感的表面，就可以改善视障人士的体验；材料的声学特性可以增强或削弱那些有听力障碍或孤僻症残疾人的室内体验；走廊和坡道的宽度及相关的地板饰面可以方便或阻碍那些使用轮椅或手推车的人。

在讨论材料的感官特性中，我们所指的还包括生活/舒适感。这种感觉使我们对周围环境做出反应，并影响我们的幸福感。在下一章节中，会说明材料的环境特性如何与我们个人和集体健康产生直接的关联。

1 彼得·卒姆托著，建筑氛围，巴塞尔：Birkhäuser出版社，2006：29。

左图及右图
艾德温·范·德·海德设计的声音装置"声尔住宅"，强调了空间体验与听觉之间的关系。

对页图
戴索地毯的"从摇篮到摇篮"的图表解释：一个生产循环具有生态效益，并采用"从摇篮到摇篮"的方法来生产和消费。

环境特性

随着新技术和强力能源的供应（例如矿物燃料），工业革命给人类带来前所未有超越自然的力量。人们不再依赖自然力量，或是对陆地海洋变迁无能为力。他们可以凌驾于自然之上，来完成以前无法完成的目标。但是在这个过程中，巨大的分离就产生了。[1]

自工业革命之后，材料供应商和生产商都把重点放在经济增长上，而忽略了生产过程中更重要的问题和责任。消费者们（包括作为解释者的设计师）购买商品，制造者不留意受欢迎的廉价产品，并将生产廉价产品产生的相关的废弃物认为是发展过程中无法避免的结果。此外，我们现在知道许多材料和产品的有毒成分会引起比预计标准更高的哮喘、过敏、先天缺陷、基因突变和癌症等病症。

因此，有限自然资源已经枯竭，大气和环境受到污染，动物和人类的健康（在身体和情感上）也受到损害。

从而对设计师来说，这里便产生一个问题。这个问题没有"速战速决"的解决方案，也没有简单的答案，它能压倒和抑制一切，并使人感到无助、无力施展。但是，这也是一个可以激发创造力和产生变化的问题：许多人都知道自己的行为很重要，同时他们也已经带来了一种改变生产和消费方式的模式转变。

设计师具有影响力和责任感，通过其所做的选择，他们可以令这一模式发生转变，并成为未来可持续发展远景的一部分。这些问题十分复杂，且没有直接的"答案"，但人们可以采取措施使其产生不同的效果：具有知识性、具有责任感和具有创新思维。

具有知识性

在许多书中都曾深入论述可持续性的内容，尤其是它与材料的联系，这些书都可以对你有所启发。对我们这一代最具有影响力的书之一便是麦克·布朗嘉（Michael Braungart）和威廉·麦克多诺（William McDonough）所著的《从摇篮到摇篮》（Cradle to Cradle），这本书于2002年首次出版。

在这本书中，布朗嘉和麦克多诺对"3R"——减少原料、重新利用、物品回收，以及相关的生态效益目的提出质疑。他们认为如果只是减少自然资源的消耗，减少毒素和废物的产生，且提高效率，最终并不能改变什么；这仅仅放慢了夺取资源和破坏环境的过程，而且，由于其影响放缓，从而变得更难发觉，因此会变得可以接受。他们同时还认为，循环的过程实际上是一个"降级回收"的过程，材料被重新利用，但在此过程中材料会受到污染，并最终像垃圾一样被抛弃。

相反地，布朗嘉和麦克多诺提出了"从摇篮到摇篮"的方法来制造和使用材料，这个过程具有生态效益而不是生态效率。他们对两类材料做了定义：X（生物材料）和 Y（技术材料），同时认为，如果这些物质能在单独的循环中保持独立（即便被用在同一个产品或复合

---

1 麦克·布朗嘉，威廉·麦克多诺著，从摇篮到摇篮：改造我们做事情的方式，纽约：温庭吉出版社，2009：128。

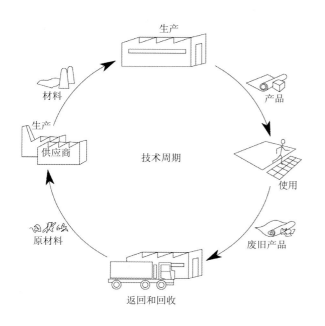

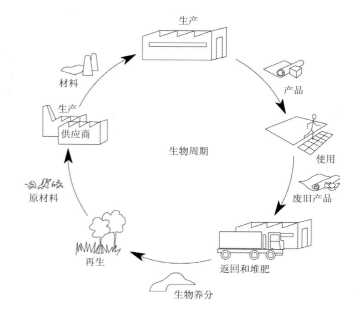

材料中），它们就可以避免污染并不断被重复使用。他们将这个过程称为"向上循环"。

地毯制造商戴索就是一家采用"从摇篮到摇篮"观点做生产的公司：它采用"向上循环"的材料制造产品。制造过程中最大限度地减少使用水和能源，同时避免使用毒素，用对健康和环境有积极效应的化学物取代。所有用在地毯中的材料都可以被提取出来，并在不断的生产循环中重新利用。

在评估所选材料的环境特性时，必须使用批判性和分析性的技能询问制造商。不能认为材料一旦贴上了"绿色"的标签就是真正的环保。最具讽刺意味的是，绿色品牌也会促进消费主义和浪费。

我们可以通过很多途径寻找到相关的信息和建议，比如网络数据和网站、材料专业图书馆、期刊、代理商和机构、材料说明手册和种类繁多的各学科书籍，这些资料来源大部分会列在本书的最后。通常，客户也会指定具可持续性或环保优势的顾问公司作为设计团队的一部分，他们都是能提供可靠材料说明建议的可信专家。

在对既有建筑进行设计时，会有很多机会来保存、保护或修复现存材料，也会存在许多代表不同设计和增建价值观和哲学理念的方法。同时，还需要注意到建筑中的一些材料，比如石棉可能有毒，需要去除或封装。

在实践中，设计师很可能会介入到对环境产生重大影响的决策中，这些决策已经超出了材料和产品说明的范畴。例如，通风和保温、照明设计及机械和电气安装，这些内容并不会构成本书的重点，但值得一提的是，设计师需要理解这些主题，并要与客户和其他顾问对此进行讨论。

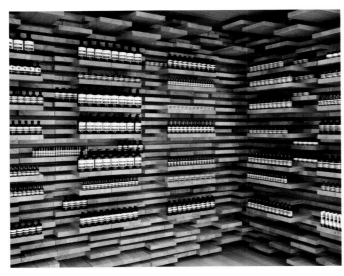

左图

在巴黎圣-奥诺雷(Saint-Honore)大街的伊索（Aesop）护肤品店设计中，三月工作室（March Studios）只采用了一种材料：瑞格楠（Victorian Ash），这种木材生长在澳大利亚再生树林中。要创造这种层叠的室内，需要手工切割3500块木块，再根据复杂的细节图进行编号，然后装载入船舶集装箱。

右图

在意大利帕多瓦（Padua）的板条箱住宅（Padova Cratehouse）中，德国艺术家沃尔夫冈·温特和霍尔贝尔特采用回收的塑料瓶箱建造墙体，创造出色彩和形式，同时也使光线渗透进空间。这个创新的方法最大化地减少了材料废物，并将其进行重新利用。

具有责任感

提倡生态效益理念的设计师将产品或系统的主要目的加以扩展，并进行整体性的考虑。什么才是其目标和潜在的直接广泛影响，涉及时间和地点？什么是文化、商业、生态的整体系统——这构成了事物的什么方面，以及构成的方式是什么，都将成为其中的一部分。[1]

对设计师来说，首先应了解环境的相关内容，这样才可以对材料选择的相关问题做出可靠判断。有一些简单原则已经可以用于制定决策，比如，识别和避免有毒、不健康材料，化学和肤浅的处理。布朗嘉和麦克多诺所指的"X"列表中所包括的物质有石棉、苯、氯乙烯、三氧化锑和铬等，这些物质会引起畸形、细胞突变或癌症。

在《建筑师工作簿绿色手册》一书中，桑迪·韩礼德建议设计师应该：

对照有害材料清单核对说明，对采用地方资源的能力、室内空气质量、通风策略的涉入及表面耐磨性的整体效果加以考虑。[2]

同时还有大量的导则、评估工具（用来审核材料和评估它们在制造、生命周期、持久性和维护等方面的性能）及监管机构，可以确保设计师与客户间进行良好的实践，并采用负责的态度对待环境问题。这些国际机构包括：

DGNB 德国可持续建筑协会
LEED 美国绿色建筑评级系统，创立者为：
USGBS 美国绿色建筑委员会
MINERGIE 瑞士可持续建筑标准
HQE 法国等级评估工具和实施绿色建筑解决方案
EU 非住宅建筑欧盟委员会绿色建筑计划
CASBEE 日本建筑环保性能评估和评级工具
BREEAM 英国评级系统和环境评估工具
可持续住宅标准 英国新住宅评级和评估标准

当考虑室内的替代产品时，设计团队同时也将面临费用和选择的困境：出于道德因素而首选的产品或材料可能花费的费用更大，而在美学上可能有更适合的替代品。当你试图平衡与资源、运输、制造、人类健康、毒性等相关的问题时，可能会很难决定采用哪种产品最为合理。

除了确保材料的生态效益外，了解胶合板和金属板等材料的标准尺寸也很重要。应通过使用标准尺寸相应的模块来尽量减少浪费，同时考虑如何使用剩余的材料或"下脚料"。一些室内作品的材料和产品在设计中只采用废料。

转变到生态效益需要一定的时间，但设计师利用一系列正确的指导原则和创造性思维来选择材料和产品的话，可以实现这个远景。

1 麦克·布朗嘉，威廉·麦克多诺著，从摇篮到摇篮：改造我们做事情的方式，纽约：温庭吉出版社，2009：82。
2 桑迪·韩礼德著，建筑师工作簿绿色手册，伦敦：RIBA出版社，2000：19。

左下图

荷兰设计师皮特·海恩设计的产品"99%橱柜"（99% Cabinets）已经采用了生态效益战略，并取得了良好的效果。在耐候钢板尺寸内设计出模块化搁架，将材料废弃物/下脚料减少至1%以下。尽可能少使用材料的宗旨也已经在包装过程中实现，其中生产中产生的下脚木料被用来保护运输中的搁架。

下图

楚格设计（Droog Design）的德乔·瑞米（Tejo Remy）采用旧织物来进行座椅设计。用户可以用自己喜欢的材料进行座椅的个性化创作——这也是一种留存平常旧服装记忆的方式。

左图

微笑塑料公司的创建最初从回收家用塑料瓶开始；现在所使用的材料包括旧长筒靴、手机和CD。在英国克劳利（Crawley）的兰利格林医院中，大卫·沃森设计工作室采用微笑塑料公司的塑料边料条，设计制作出一个形象鲜明的长凳。

提示　关于可持续性分析

　　确保你作为一名设计师的实践具有道德性和可持续性可能相当有挑战性。以下这个练习为探讨与材料和其对环境所产生影响的相关问题提供了一次机会。

- 选择一种建议用在你项目中的材料或产品；例如，由设计精神事务所设计的日本咖啡厅方案中表现的木材。

- 评估材料的环境认证。需要考虑的问题包括：在哪里和由谁制作；运输；原材料；材料来源管理；毒性；再利用潜力；设备使用；黏合剂及饰面处理。下图分析了室内使用木材所产生的影响。

- 确定这种材料积极和消极的环境属性。

- 用一种替代材料进行重复练习，可以是不同类型的木材或不同的供应商，也可以是一种完全不同的材料，比如聚合物。

- 确认哪种材料或产品对环境的破坏最小。考虑是否还有其他更具可持续性的备选方案。

评估木材对环境的影响

木材将被锯成固定的大小和形状。你的设计是否充分利用了这些基本的尺寸？这个过程用电力完成，相应地产生温室气体。

木材最后会到达供应商处。这是从森林到项目场地旅程中的另一环节。

什么是产品的生命周期？之后它是否可以被回收或再利用？回收成另一种产品或形式需要耗费多少能源？

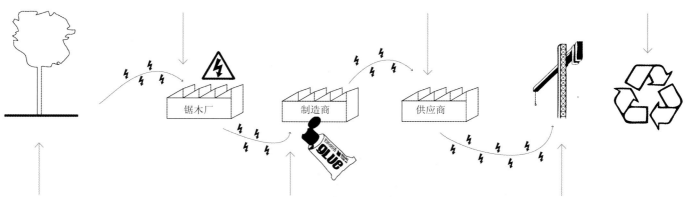

木材可以有不同的来源，需要考虑以下几点：
- 它的生长具有可持续性吗？
- 相关的森林如何得到良好的管理？
- 树木的生长和更替时间有多长？
- 距离树木的生长地有多远？路程有50千米还是5千米？

对一些木材进行设计或制造。这个过程会采用漂白剂、溶剂或甲醛等其他物质。在其自身制造和之后使用中会对环境有害。

最后木材产品到达场地。其中有多少损耗？安装材料时需要什么额外材料和能源？

具有创新思维

在常规产品和材料的选择和规范中可以应用批判性思维和道德，而创造性思维也同样可以被用来产生具有可持续性和创新性的室内。

许多当代设计从业者都已受到可持续性设计内容的启发，采用创新的方式进行设计，再利用和重新使用现有材料，创造出21世纪的"混合性"美学。这些设计通常针对小型一次性室内或产品，将现成物品或一些折中的废弃材料组件，放在一起形成一个紧密结合的整体。这种新出现的设计方法应对于绿色议程，同时它也借鉴了更为成熟的"非主流艺术家"和超现实主义者的实践。1917年，法国超现实主义画家马塞尔·杜尚（Marcel Duchamp）（1887—1968年）展出装置艺术作品《喷泉》，他将其称为"现成物"——他将此术语用于重现并重新定位标准的艺术作品，画廊中的制成品。

法国非主流艺术家费迪南·谢瓦尔（Ferdinand Cheval）(1836—1924年)花了30年的时间，用他在日常邮递路线中收集来的石子建造了一座古怪的独特建筑。相类似地，1968年，美国退休人员约翰·马尔科维奇（John Milkovisch）开始建造啤酒罐小屋，他用压扁的空罐覆盖和隔开自己的房屋，用拉环和罐头盖创造出装饰窗帘和百叶。皮特·海恩（Piet Hein Eek）、非常建筑事务所、罗恩·阿拉德（Ron Arad）、米歇尔·马里奥特（Michael Marriott）和楚格设计等也曾运用相似的方法来建造建筑、室内和家具。

上图及下图

约翰·马尔科维奇所设计的啤酒罐小屋，位于德克萨斯州（Texas）休斯敦（Houston）。

上左图及上中图

皮特·海恩设计的"99%橱柜",在第84页已进行说明。他在创造新家具时采用废料和废弃物,并将它们进行组合,创造出反映其最初特性的新的精美形式:诗意而和谐的色彩、质感和形式的组合。

上右图

米歇尔·马里奥特设计的"四抽屉"(Four Drawers)单元由桦木胶合板、有孔板及废弃的西班牙水果箱构成。

下左图及下右图

荷兰非常建筑事务所像皮特·海恩那样将材料重新组合,为阿姆斯特丹广告公司品牌库(Brand Base)设计了一间临时办公室。客户希望设计师们采取可持续的方法使用材料——最终创造的工业模板组合体,可供使用者坐靠、会面或躺在表面上。

主观属性

除了有经验的处理、物理特性，材料也具备主观属性，这源自于人们的经验和情绪反应，或者来自于在社会、政治或文化等方面的构建性解读。

当为室内选择材料时，设计师不仅需要考虑一些非常基本的要求（材料的物理特性），同时还要考虑它们可能包含的其他解读。在产品和工业设计、纺织品、家具和照明设计中，这会涉及"产品个性"。产品个性不仅与材料形式和外观有关，而且和感觉体验有关——材料有多重，其手感是否凉爽，其嗅觉和味觉与文化、环境的关联性等。因此，我们会将塑料与廉价玩具联系在一起，黄金与财富相联系，精美珠宝和木材与工艺和传统感相联系。材料充满了这些含义，了解传达空间概念的其他解读和含义就十分重要。

个人解读

材料可以引起个人的回忆，某个人会因此产生特殊共鸣，而对其他人却没那么重要；特别是在对材料感觉特性做出反应时往往如此。例如，一种特定材料的气味、声音或质感都可以立刻引发人对于过去特定时间或地点的记忆——材料使我们产生记忆。我们也可能拥有对材料本身的记忆，因为它们能够营造独特的环境和氛围，我们会将它们与精神上的幸福感或反映相联系——这是一种创造幸福感的场所感觉。

社会或政治构建性解读

我们也可以通过材料来表达、加强或确定用户的身份特征（地位、性别、种族等）。想象一下我们家中四周的物品和家具摆设，或住宅小区、青年俱乐部、爵士俱乐部、市政大楼或豪华住宅的材料性质——建筑可以具有不同的含义，并与不同人群相联，但在某种程度上，它们都是由材料来加以限定的。

材料也可以被赋予社会建构的意义，象征着阶层、权利和地位。例如，将一段金属楼梯和石楼梯进行比较。你能想象出每段楼梯各通向哪里吗？哪种类型的建筑可能与之相关联？你的直观反应是否表明你对这些材料已有预先的解读？

材料经常被用来表达地位和财富。石材是比较昂贵的材料，它需要采用相当多的技巧进行有效加工。在欧洲，石材已经成为权力、财富和声望的象征。在一些地方，裸露的砖结构被用来创造精巧的纪念碑、庄严的建筑、教堂和清真寺；但在欧洲的部分地区，人们经常采用石材，或者精心粉刷石膏表面来仿造石材，以提升建筑的地位。

文化解读

　　材料也可以有地方性的解读，它能反映宗教和文化传统，或建筑和工艺传统。在伊斯兰艺术和建筑中，会用当地产的颜料配色的陶瓷锦砖加以布置，来创造象征团结和有序的复杂几何图案——避免艺术形象化，同时，设计中也有不完美之处，这是出于对神的至高权力的一种敬畏，因为只有神才是完美的。

　　另一种类型的表面或装饰技术是五彩拉毛粉饰，其中包括将石膏或陶瓷表面刮花，以在建筑立面上创造大型绘画、壁画或装饰人工制品。这些欧洲和非洲艺术中运用的地方传统技术已经被设计师借鉴和发展，为材料语汇发展贡献了一份力。

　　在日本设有基于家庭的木匠行会，他们发展出木材建构工艺的秘密方法。一些协会专门从事住宅和仓库的建构，其他则专门从事寺庙和著名神社的建构。每个行会对其木构建筑运用不同程度的细化和节点设计方法。同时，日本工匠也必须处理地震抗震等问题，所以木材节点处设计灵活，并可以有一些移动。

上左图、上中图、上右图
　　我们可以从图案、色彩和材料的使用中观察到建筑传统和文化差异。这些案例来自于摩洛哥和西班牙。

下图
　　传统日本住宅的木构工艺。

下图
　　一位日本木工正在"阅读"和加工材料。

制造者的解读

　　我们用"材料动态"这一术语理解材料在艺术和设计中的运用。芬兰设计师塔皮奥·维卡拉（Tapio Wirkkala）(1915—1985年)曾这样诠释："所有材料都有其自身不成文的规定，这一点往往会被人们忘记，你永远都不应该野蛮对待你正在处理的材料，并且设计师的目标应该是将他的材料相互协调运用。"[1]

　　设计师"制造"的概念不仅仅是设计，其中还表明他或她应该对材料有所了解，这好比雕塑家对石材和木材的了解：对材料潜能的深入了解能有助于完成形式设计。对雕塑家而言，材料便是艺术的本质——一团黏土能变成许多东西，但雕塑家所知也有局限；对设计师来说，材料是场所营造的实质，且设计师也必须与雕塑家一样对其所选用的材料具有一定的理解，即材料的潜在性和局限性：

　　你无法做出你想做的东西，但材料却能让你的想法得到实现。你不能用大理石做出你想用木材做出的东西，或用木材做出你想用石头做出的东西……每种材料都有自己的生命。[2]

　　从定义上看，材料的替代性和主观性解读对设计师而言很难驾驭。但是，设计师思考材料构造的可能性诠释却十分重要，因为这会产生更加敏锐的设计、有创造性的诠释，并使设计具深度和完整性。

　　当考虑材料特性和材料之间如何相互关联时，设计师同时也要考虑如何组合和建构材料。设计师将解决材料界面、交点、接合点、连接点、配件和紧固件等方面的问题。这些情况在项目设计的任何阶段都会发生，有时也被称为"细部"或"细节设计"。我们将在下一章节中探讨细部设计的概念和过程。

1　http://www.scandinaviandesign.com/tapioWirkkala/index1.htm （2011年12月12日）。
2　桃乐西·达德利，布朗库西，拨号，第82期，1927年2月：124。

9. 材料细部

我们有一个法则"细部决定全局"。你并不一定要从总体了解到细节，但通常来说，你如果一开始着手细节，便会了解更多。[1]

材料的细部或细节设计是一个过程，设计师通过这个过程来解决材料界面、组合和建造的问题。

细节设计通常发生在项目后期，但是，空间概念也可以来源于材料细节，或者细节可以由所选择的材料决定，这并非一个线性的过程。

生于捷克的建筑师埃娃·伊日奇娜（Eva Jiricna）（1939— ）认为自己的设计过程便是从别人传统上所认为的细节开始进行的。她喜欢从选择材料，并绘制材料连接点的足尺细节开始：

在办公室中，我们通常从足尺的细节开始……比如，如果我们有一些不同连接点的创意想法，那么我们就会创造出一个好的设计，因为特定材料只能以某一特定方式进行较好的搭配。[2]

1 罗伯特·文丘里引自布莱恩·罗森，设计师如何思考，建筑出版社，2009：39。
2 埃娃·伊日奇娜引自布莱恩·罗森，设计师如何思考，建筑出版社，2009：39。

左图
从了解玻璃材质，并对玻璃的细节和组装加以表现开始，埃娃·伊日奇娜设计了伦敦布多斯珠宝旗舰店整体室内。

左图、中图、右图
在卡斯泰维奇博物馆中，卡洛·斯卡帕对新、旧材料进行了明显的划分。

材料的细节设计或组装应该成为室内设计过程中的一个内在部分，同时，材料细节也应该与整体理念相联系，将宏观和微观紧密结合起来。例如，在原建筑文脉背景下，设计师可能是想在新、旧材料之间做出明显的划分。细节设计将以一种"分离"的表现方式来反映这一理念：将旧材料的磨损特质与新材料相并置，或者新材料可以总是"浮"在旧材料之上，也可以通过"消极细部"或细微间隙将新旧材料进行分隔。

同时，材料细节也可以表达建筑形式和设计理念的特定哲学或发展趋势，这些理念表现出各种环境下所有设计的一贯性方法（现代主义便是这方面的一个很好例子）。比如，对所有固定和紧固材料采用裸露的方法（一种"真实性"的理念），或者将室内的一部分物理表现加以隐藏，创造出浮动表面的形象（一种"幻觉式"的理念）。

在处理材料界面和组装材料时，设计师可以运用经试验和测试过的施工方法，同时他们可以指定工厂加工、预制特殊产品制造商或供应商设计的细部，比如声镶板或分区系统。

在过去，材料的细节和组装方法之间的矛盾是由艺术家和工匠来解决的。他们对其特殊行业的技术和设计专业语汇运用自如：石匠使用石材语汇，木匠使用木材语汇，铁匠使用钢与铁的语汇，玻璃工使用玻璃的语汇。

　　传统技术的使用和工艺品的物理性可以赋予历史建筑以完整性，这种品质也是现在人们想在手工制品中追寻的：制作者的标志，手工和工具留下的印记，这些都不能用机器进行复制，具有独特性和"纯正性"。

　　工艺传统非常具吸引力，对营造室内品质有着重要贡献，但是，优质的现代细节设计也同样能突出完整性。当代设计师在处理材料的细节和组装时，可以采用复杂的材料和加工过程。新材料技术、计算机辅助设计（CAD）和计算机辅助制造（CAM）的介入，也为有创意的设计师提出新的可能性，以前只能想象的空间现在都可能实现。材料的传统功能、加工和语汇正受到这些新技术的挑战，块状和片状材料（传统建筑的组成部

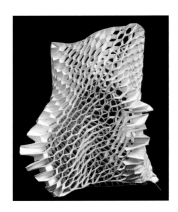

上图及下图

　　美国马斯伊斯设计事务所的安德鲁·库德莱斯（Andrew Kudless）完成的流形（Manifold）装置，这是2004年伦敦建筑协会（London's Architectural Association）研究项目的一部分。作为一种仿生形态设计，流形装置借鉴了蜂巢的结构。装置的最终元件"蜂窝形态"使用了数字技术和物质原型，由一系列硬纸板单元构成，其中每个单元在形态、大小、外形和方向上都有所不同。

分）与多形态、流体物质结合在一起，自然材料与合成物相互并置。

　　到目前为止，事实上所有的有机和自然材料的功能性替代品都可以在塑料和多形态物质中找到：羊毛、棉、丝和麻等都更容易被尼龙和其无数衍生品所替代，木材、石材和金属则逐渐让位于混凝土和聚苯乙烯。[1]

　　……合成材料的制造意味着材料已经失去其象征层面的天然性，并变为多形态，而获得更高程度的抽象性，这使得各材料间有可能产生一种普遍的联系，因此，自然材料与人工材料之间也超越了形式上的对立。[2]

1　让·鲍德里亚引自马克·泰勒与朱莉安娜·普雷斯顿，Intimus：室内设计理论读本，伦敦：约翰·威利出版有限公司，2006：40。
2　同上。

这些新工艺和技术产生了新美学、复杂的有机形式及装饰复兴：一种新的"洛可可风格"。

马斯伊斯设计事务所研究工程学、生物学等不同领域与计算机应用之间的关系。

他们认为建筑应该被理解成一种材料体，在形式、生长和行为等方面具有自身的内外力。该设计事务所通过几何形和材料区分来研究行为整合的方法。[1]

1 http://matsysdesign.com/category/information/profile/ (2011年7月4日)。

上图及下图
布伦南·巴克与罗伯·亨德森及林恩事务所合作，创造出装置"鲜艳盛开"。这个装置于2008年首次在维也纳展出，是一次对"三维图案的文字和现象学效果"的空间研究。设计师利用数字设计和制造工艺，将1400块平胶合板相连，创造出复杂的双曲线和线状结构。

下图及底图

"瓦"是布鲁莱克设计工作室为斯德哥尔摩克瓦德拉特展厅设计的一个项目。单片热压泡沫和布瓦用双注橡皮圈和一个插槽节点相连。这些布瓦可以连接或断开来创造出灵活的空间分区。

布伦南·巴克在与伊尔波集团及林恩工作室的合作中，使用简洁的数字设计和制造工艺创造出复杂的形式和图案：

这个装置由1400块独特裁剪的扁平的胶合板构成，其中，多样化细节胜过浑然一体的优雅。同时，可见大量的连续性：表面形态的连续、穿过那些表面的结构模式的连续，以及从一个表面到下一个表面在深度和颜色上的各种相互关联。[1]

很明显，细节设计能够成为一个富有想象力的创作过程，也是一个在宏观和微观尺度上，将创新性解决方案运用于细微之处的机会。在罗南和尔旺-布鲁莱克兄弟（Ronan & Erwan Bouroullec）为克瓦德拉特展厅所做的设计中，他们用由织物制成的重复性元素创造出动态形式，用各种独创性技术将这些织物交叠结合在一起。这些设计和细节设计方法借鉴并颠覆了建筑几何学（网格球顶）和传统的织物语汇。

1　http://www.technicolorbloom.com/ (2011年7月4日)。

设计师们在解决细节问题时可以观察自然，这一过程叫作"仿生"。仿生学鼓励尊重效仿存在于自然界中的"形式、过程、系统和战略"。[1] 例如，设计师和科学家通过观察珊瑚，发现其骨骼结构有助于建造膜，并发明了碳吸收水泥，而魔术贴的设计则是受到毛刺的启发。

上图

布鲁莱克设计工作室同时也设计了哥本哈根的克瓦德拉特展厅。在这个装置中，相似的瓦片相连接构成"云彩"，它是一个悬挂的自动织物隔断。

下图

艺术家和设计师瑞秋·欧尼尔在设计产品和其细节时，都会从自然界中寻找灵感——这一过程被称为"仿生"或"生物形态设计"。图中的"鸟巢"，是一个具有织物质地的照明设计，它由染色魔术贴和缠有鹅毛的铝框制成。

1 http://www.asknature.org/article/view/what_is_biomimicry (2011年7月4日)。

下图和底图

大都会建筑事务所与瑞克普拉斯·德·里奇/帕特修斯、帕纳利特及RAM Contract合作，创造出一种新型材料——"普拉达海绵"（Prada Sponge），并将其用在洛杉矶的普拉达专营店中。这种材料从背光清洁海绵发展而来。团队采用铣削和铸造技术进行实验，同时还利用三维计算机建模将手工制作原型转化为最终产品：一种新型聚氨酯复合材料。

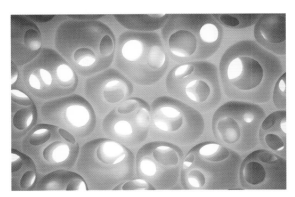

与过去建筑建造相比，虽然当代建筑建造中参与的工匠和手工艺人更少，但设计师和客户可以从专业供应商和承包商那里获取关于建造方法和材料细节的建议，尤其是设计师在处理"一次性"非标准设计时。在这种情况下，设计师和专业承包商之间的联系会变得卓有成效。承包商们可以提供与特殊材料或建造方法相关的专业知识，同时他们也有设备去制造原型和测试替代品，为设计师和客户提供参考。原型可以被用来解决审美决策、建造方法和技术性能，如声学或光辐射等方面的问题。

设计师尊重承包商和制造商的意见十分重要。制造商了解材料的物理特性，并熟悉材料如何被固定，以及它们在不同情况下的应用潜能。供应商和承包商对材料饰面和表面处理，以及材料细节设计的其他基本方面提出建议：

提示　保存一本视觉日记

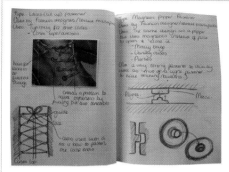
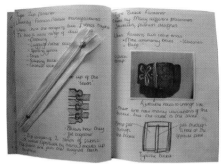
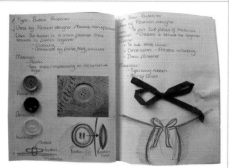

这些图片来自一位学生所记的紧固件日记。通过记录大量固定和紧固材料的不同方法，设计师们可以扩展其理解的深度，并发展出运用于室内的材料细节的创新语汇。

　　表面加工、包装、切割、抛光、固化、密封等过程，可以像任何不透明层一样，从头至尾地改变材料的视觉外观。实际上，经历自然过程生长或生产的木材、石材、砖、金属、皮革等材料是非常有价值的，当其表面材料增强或至少没有掩盖外观的复杂性、深度或多样性时，同样会受到如此评价。[1]

　　材料表面和涂层语汇具有诗意，并能引发特殊的材料氛围和人的感知反应，例如打蜡、上油、切割、打磨、抛光、缎面抛光、清漆罩光、喷漆等。这些词语可以暗示出特殊的气味、声音和质感，并能被设计师加以利用。

　　本书第六部分案例研究中包含有材料细节详图和现场施工的实例。许多书籍和期刊中也有特定材料细节设计和建造方法的实例。其中一些列在本书最后的扩展阅读部分。

1　让·鲍德里亚引自马克·泰勒与朱莉安娜·普雷斯顿，Intimus：室内设计理论读本，伦敦：约翰·威利出版有限公司，2006：58。

阶段步骤　重复构件

对于有创造性的设计师来说，在材料应用和细节设计的常规解决方案之外进行考虑十分重要。对其他备选方案进行尝试和测试可以为一个简单的隔断制定出创新性和出乎意料的解决方案。

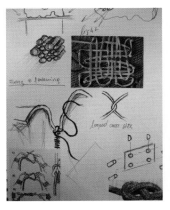  

1 坚持记视觉日记，记录固定、紧固和连接材料的备选方法。其目的在于从在建筑方法之外（但也包括）进行考虑，以获得对材料和细节更广泛的理解。其内容包括草图、照片和图像。

2 只用棉布和纸，进行制作备选重复构件和固定、紧固方法的试验。

 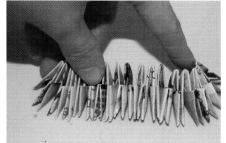 

3 在你的设计中选出一个，并考虑组装重复构件的替代方法。

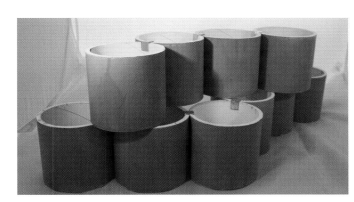

4 利用你的重复构件或产品，设计一个"空间隔断"。和对待配件和紧固件一样，仔细思考构件的材料性质和外观——这些内容应该成为你设计不可分割的一部分而不是设计之后的考虑（避免使用任何黏合剂或胶带）。同时还应该考虑不透明和半透明、虚和实，以及表面、形式、色彩和质感等问题。最后要为你的设计确定可替代的应用方案。

阶段步骤：记录节点和交接点

室内空间可以通过材料节点和连接点来进行表现或限定。限定范围从由结构本身创造的节点到由平面和材料相交所创造的交接点确定，最终紧固件和配件为空间"着装"。这个练习将对这些三维界面的研究推向深入。下面以朴茨茅斯（Portsmouth）的阿斯派克画廊（Aspex Gallery）为例进行说明。

1 开始可以记录你对节点和连接点的观察，并写成日记。确定你希望进行探索的空间或场所，并开始摄影记录。

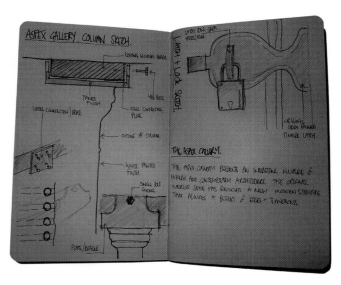

2 首先考虑最大的尺度。如果可能，确认和观察建筑结构，并给它的配件和紧固件拍些照片和画些速写。思考这些连接如何产生作用及建筑中材料的组合形式。可以将这些大型配件和紧固件以快速的截面草图的形式记录下来。

3 识别和观察空间中各材料间的连接点和节点；观察并将材料汇合时形成的边缘和阴影画成速写。思考这些材料在配件、紧固件和分层等方面如何相互连接——这些材料如何相交、相接和连接是否有统一的原则？

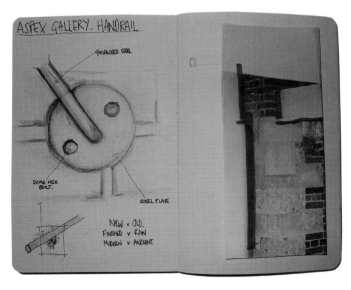

4 最后，确认空间中配件、紧固件的节点和连接点；记录材料的特性及人们如何与它们互动。这个例子展现的是对新扶手如何与现存建筑砌砖相连的详细研究。

阶段步骤：参观示范建筑

当参观示范建筑时——此案例中是卡洛·斯卡帕所设计的威尼斯奎里尼·斯坦普利亚基金会——分析设计师对材料的运用，并记录你的观察内容是一个非常好的练习。这个可以通过绘图、记笔记和拍照片的方式来进行。这个案例中主要使用拍照片的方式。

房间中的材料：
抛光石膏顶棚
石墙面
混凝土地面
玻璃外墙

1 先开始记录空间的整体情况。可以用速写、拍照的方式记录房间情况，以笔记的形式记录房间的用材情况。

石材墙板具有特色鲜明的麻面效果，表明该石材是石灰石。石板用水平铜条做出划分，可以在上面挂画。墙体上还设有齐平的竖向玻璃灯具。混凝土中嵌入小石块，同石条或混凝土条相连接。这些材料以不规则但相当和谐的间隔连成一个整体，就像音符一样。

2 现在仔细看看这些饰面，分析后记录下你的观察。在这个尺度下，你是否还能看到其他的材料？你是否可以观察出材料是如何组合的（配件和紧固件等）？

3 现在将注意力集中于房间的独特之处——例如，内置家具、灯具或门。观察材料的连接点和组成。

石门外框镶有齐平的铜条，并用钻孔黄铜螺钉固定。铰链由钢或铁做成，并且有偏移，以使门在关闭时与墙齐平。相邻墙面以黄铜覆面，其上有暗灰色铜锈，但可以反射出红色抛光石膏顶棚的色彩。

4 更仔细地观察你所确定的独特之处。是否能发现到其他新材料？这些新材料具有什么功能？

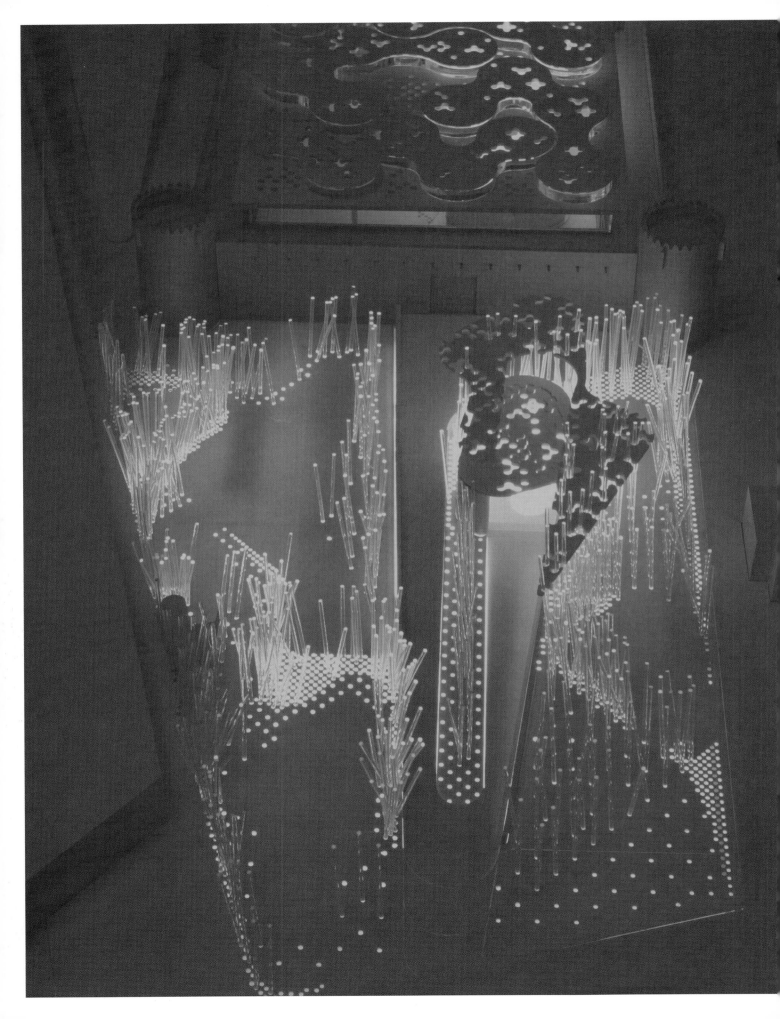

第四部分
从概念设计到实施的沟通

109   10. 通过绘画进行思考和沟通

110   11. 概念设计阶段

125   12. 扩初设计

132   13. 细节和施工阶段

我不会脱离图纸来制造一个神话。对事物进行真正的表现反而会破坏它。对尚未建成物的最佳描绘是能给你一种广阔的开放感，就像承诺一样。……在建造前你必须在项目中投入热情。你必须为自己来做，这同时也会影响他人。[1]

做设计就是进行构想，构想中的室内需要借助说明、表达、表现和沟通等多种方式，来传达室内的设计理念、本质和物质性。在这个画与记录的过程中，可实现的室内设计才会出现。

本书的这一部分将对这些主题进行探讨。一些表达材料想法的方法具有视觉探索性和实验性，另一些则对构想的室内有更精确的表现。这个过程包括图纸、模型及书面文件，或者也可以采用两者相结合的办法。为了激发想象和对设计意图产生共同理解，需要用到这些多样的材料表现方式。

在设计师们开始传达其空间设计理念和使用材料前，他们必须考虑绘图或记录的目的是什么，以及通过这种方式要传达什么。这通常会因项目类型、阶段及文件的预期"受众"而有所不同。为了清楚起见，我们会参考一个项目的不同阶段，以探讨所使用的可选性传达方式，但我们开始会考虑通过用绘画思考和沟通这一更为普通的过程。

1　彼得·卒姆托（Peter Zumthor）于2006年在皇家美术学院（Royal Academy）伦敦夏日戏剧节上的讲座。

下图
这张CAD视觉图表现出室内的材料品质。

对页图
这幅画由安妮·洛尔·卡鲁斯采用照片和photoshop相结合的方式来表现种子银行项目的室内设计。

10. 通过绘画进行思考和沟通

设想室内的材料品质——纹理、形式、色彩、图案和构成——可以通过在纸上做标志、使用模型和样品，或通过CAD创建一个虚拟的环境来进行描述，所有的过程都可用来再现和表现空间设计。

草图在其最广泛层面来说，仅仅是具有某种目的的符号。更复杂的绘图与观察、收集、思考和交流信息有关，具有不同程度的表达、精度和细部。绘图也可以不局限于二维来描述选择材料和物体的形式——三维拼贴或"草图"也能表现空间的可能性。绘图可以用来分析、实验、探索概念和发展思路——这是一种记录性的思维过程。

自文艺复兴以来，人们一直用绘图设计和表现空间。在已形成的传统中，绘图与文字和符号结合起来，来支持设计和建造空间的过程（需要考虑平面、剖面、立面、线宽、填充等方面）。

在实践中，利用图纸和模型将信息和思想传递给其他设计师、顾问、客户和承包商，这些人是不同领域的专业人士，且在项目设计中有不同的目标。图纸（和模型）是团队对话、讨论和辩论的焦点；团员可以在图纸上增加和缩减信息、确定和解决问题，并做出改良方案。

虽然绘图在整个设计过程中是核心，但所绘符号有其局限性：它们也许可以提示材料的品质或性能，但并不总是能捕捉材料的现象学特质。正如罗宾·埃文斯（Robin Evans）在其《从绘图到建筑的转化》（Translations from Drawing to Building）一文中所指出的，关于建筑主题和空间的大地艺术、表演、装置和环境无法完全通过绘画这个媒介发展和表达。[1] 例如，他认为，如果詹姆斯·特瑞尔（James Turrell）设计的装置采用平面和剖面的方法表现，那么这些图中所显示的则会是一种"平庸简单"式设计——它们无法捕捉我们通过对空间、材料、色彩和光线的感知获得的整体性空间体验，"并非所有的建筑事物都可以通过绘画来表现"。

我们在工作室中所使用的工具，如电脑、墨水笔、自动铅笔、描图纸、绘图纸、卡片、刀片等——这些都可以让设计生产充满活力，并可能影响材料表现和我们所设计空间的特征。在过去的30年中，技术特别是计算机辅助设计（CAD），对绘图和设计过程产生了极大的影响。计算机绘图没有手绘图那么有形，并且设计师可能也不鼓励通过用计算机绘制草图进行思考；而且它也会使设计师脱离"材料"。但是，计算机也可以将设计师从徒手绘画这个重复性工作中解放出来。同时，计算机建模还可以为设计师和其他人建立室内设计的虚拟场景，并能够将计算机绘图与手绘图结合在一起，创造出混合图像。

1　罗宾·埃文斯著，从绘图到建筑的转化及其他论文，伦敦：AA出版社，1997：157。

11. 概念设计阶段

有很多绘画方法可以用来产生设计理念和表达对材料的想法。

"通过材料"进行思考

我们周围的材料都可以作为出发点来发展空间概念。设计可以从一个冷杉果、冷杉壳或一片冷杉叶等素材的写生画开始。写生图可以用来探讨和研究材料世界（它们的物质性）的形式、色彩、纹理和结构，同时也可以用这些草图展开设计。

上两排图

空间和材料的设计理念可以通过观察和记录自然世界开始。

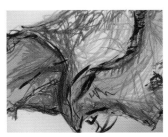 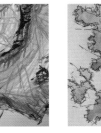  

  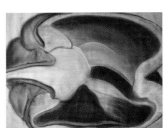

下两排图

在参观历史上著名的英国皇家海军舰艇"勇士号"（HMS Warrior）之后，学生们完成了写生图，同时拍摄照片，受这些船只启发创造出各种材料形式。这些写生图于是又产生出工作室的材料和绘图实验，其中利用线、缝纫、编织、花边和打结等材料和方法——这些过程最终转化为如图所示的空间设计构成。

 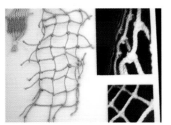 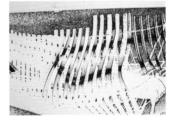

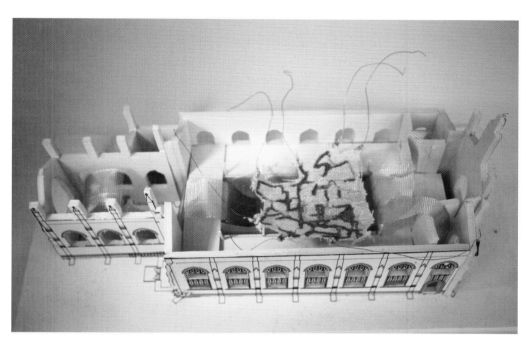

上图和下图
受前页图中英国皇家海军舰艇"勇士号"启发而制成的概念模型和设计方案，这是一个用过程导向的方法来发展出材料理念的案例。

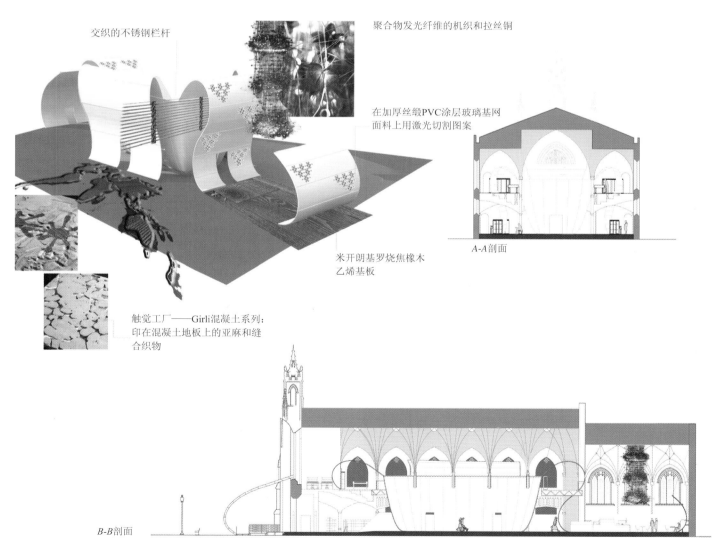

交织的不锈钢栏杆

聚合物发光纤维的机织和拉丝铜

在加厚丝缎PVC涂层玻璃基网面料上用激光切割图案

A-A剖面

米开朗基罗烧焦橡木乙烯基板

触觉工厂——Girli混凝土系列：印在混凝土地板上的亚麻和缝合织物

B-B剖面

左下图
　　2008年利物浦双年展（Liverpool Biennial）中萨拉·斯茨设计的装置：现在仍然悬着。

右下图
　　2006年杰西卡·斯托克赫德的作品：稀薄空气中的直立浮根。

　　艺术家萨拉·斯茨(Sarah Sze)和杰西卡·斯托克赫德(Jessica Stockholder)都善于运用材料来研究空间、尺度、色彩组合，并采用布袋、水瓶、橘子、衣服和船运集装箱等现成和废弃物品来进行材料并置。作为对这些艺术家作品和设计的回应，朴茨茅斯的学生已经能对橡皮筋、羊毛、座椅、贴纸、吸管等室内现成物的潜在可能进行探讨，来"通过材料进行思考"，做出三维材料草图，并形成室内设计理念。

"通过草图"进行思考

设计的第一想法常常是通过草图和模型（三维草图）进行推敲——这是一个对玩乐性思考和实验进行分析的过程。

绘制的草图可以是对一种想法或理念的反应（设计师迸发出一个想法，然后草绘下来），也可以是绘图和建模过程中所产生出的想法（设计师建模和绘图，并随之形成空间设计的概念）。以这种方式绘图是一个非线性和不可预测的过程，但最终可以形成"理想"的草图：它是设计整体理念的提炼。当设计进一步完善时草图也仍适用，可用来研究和解决材料界面及细节方面的问题（微观层面）。

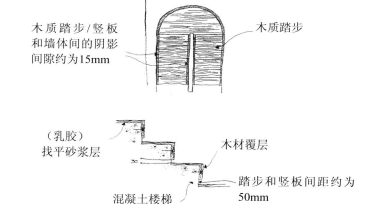

木质踏步/竖板和墙体间的阴影间隙约为15mm

木质踏步

（乳胶）找平砂浆层

木材覆层

混凝土楼梯

踏步和竖板间距约为50mm

木质踏步/竖板

木质踏步/竖板和墙体间的阴影间隙约为15mm

硬木踏步/踢脚板

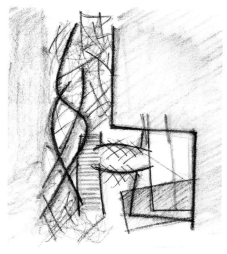

右图

除了表现整体理念（宏观层面），草图还可以用来解决材料界面和细节方面的问题（微观层面）。

左图和左下图

迈克尔·贝茨（Michael Bates）的绘图记录了他对场地的理解：空间的长度和节奏；运动和循环；空间中的物体；听觉体验；个人思想和情感上的反应。贝茨对运动十分感兴趣：空间使用者如何穿过边界，如何对建筑产生生理反应，以及居住在空间中的人们的相聚和分离。这种对场地的绘图性探讨和对其感知体验的记录，会对上面"理想"草图和模型中所表现的空间理念进行发展。之后便可以使用"大概念"草图（宏观层面）来确定空间整体形式和相关材料。

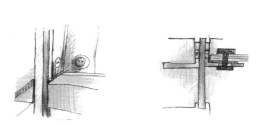

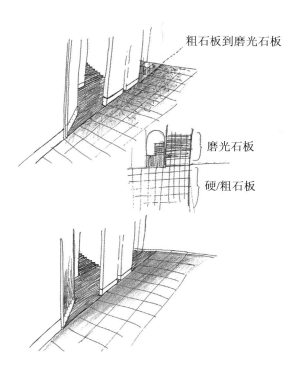

粗石板到磨光石板

磨光石板

硬/粗石板

速写本

速写在设计中是一个基本的、持续进行的过程，而速写本是一个基本工具。速写本可以用作日志，将观察材料时产生的想法记录下来；同时对记录进行质疑、评价和反思，以寻求理解和意义；还可以用来规划空间的发展和拓展设计理念，并推进材料概念和设计的进步。

速写本可以收录一些详尽、细致的绘图、拼贴画、彩图和照片。但更多收录的是许多快速的分析性草图或图表；绘图尝试；观察性草图和相关的感官元素，例如光线、气味、材质、颜色、声音；思维图；场地测绘图与笔记。

虽然速写本用于项目的概念设计阶段，但它却是对创新思想旅程一种持续记录的工具。

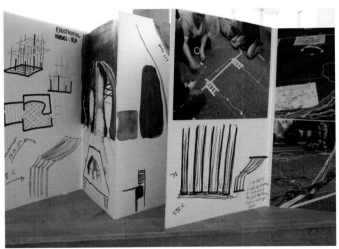

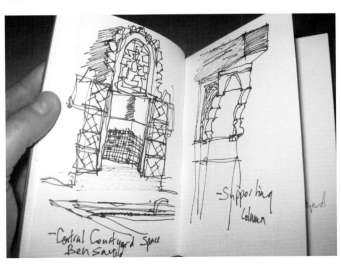

左图和左下图

学生速写本中的图片，其中的草图做记录，并作为一种思考工具。

右图

这张拼贴图探讨了空间的视觉和触觉体验。室内的抽象性和概念性表现也被用于吸引观众和促进对话。这些方法使设计师的想法更为清晰明了：只有对场地形成清晰理解，才能进行设计思想的抽象和提炼。

徒手草图和"绘图"

随着对材料的想法开始成形，设计师们会想要采用一些方法来表达其想法，从而激发"场所精神"、表达观念，并传递空间的感官品质及由材料、材料配色、材料并置所形成的氛围。这些方法的运用会由于不同目的而不同，它们可以是抽象/具有艺术氛围的绘图或彩图，可以是更文字性的表现图。

透视草图是一种设计表现的方法，室内拟用材料也可以借助艺术视觉语汇技巧进行描述，例如使用抽象和拼贴、组合和雕塑、印刷、彩图和做标记等技巧。这些技术取材广泛，同时也可以用于表现室内材料。在项目的这个阶段，可以采用创新和非文字的方法来进行绘画，这是一个调研和实验的过程，并会产生意想不到的重大成果。

当发展和表现有关材料品质的想法时，考虑室内光线的效果十分重要。设计师需要展现一天中不断变化的可控自然光的品质，以及任何用来加强室内体验的人造光。当光线落在网纹、反光、半透明或不透明等不同表面上时，设计师发展表达光与材料关系的技巧就显得尤为重要了。

下图
这里的绘图用于表现室内氛围及描绘材料和光线。

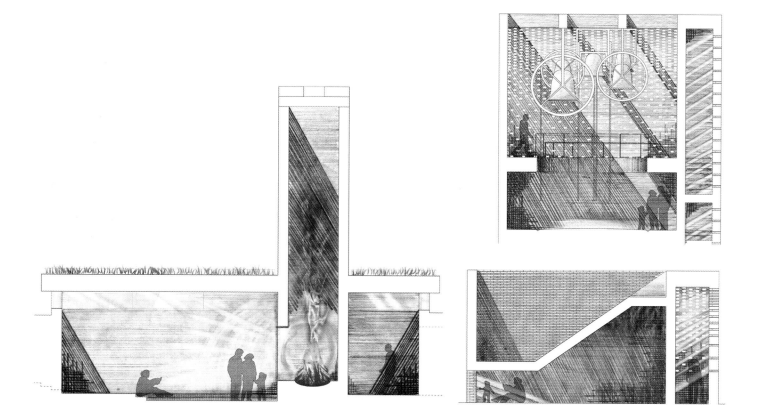

阶段步骤：表现材料的氛围

　　大多数设计师通过绘图来发展其自身的风格和表现用材意图。这个练习鼓励实验性绘图及表现不同材料和材料所创造的氛围。首先确定一首描绘特殊材质或气氛的诗歌。可以引用的优秀诗歌包括西尔维亚·普拉斯（Sylvia Plath），沃尔特·惠特曼（Walt Whitman），艾略特（T.S.Eliot），塞缪尔·泰勒·柯勒律治（Samuel Taylor Coleridge）和欧玛尔·海亚姆（Omar Khayyám）等人的诗。将诗中可描绘材料和氛围的词汇记录下来。

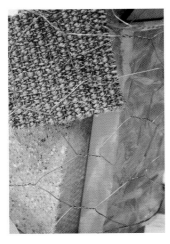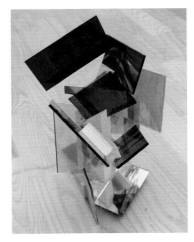

1 收集并结合材料样品，这些样品可以反映诗歌（材料氛围）中对材料和颜色的描述。将材料进行组合，创造一个雕塑性的空间物体。

2 从不同的角度利用自然光和人造光拍摄物体。将按比例缩小的图放入你收藏的照片中。

3 选择你所喜欢的物体，从不同角度为其设置光线。为你的表现性实验准备不同的媒介。

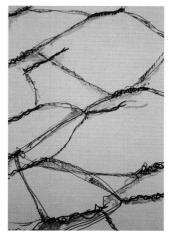

4 绘制其中一种材料，或材料的组合多次，但只能采用明暗色调加以表现。

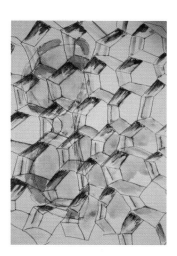

5 用不同媒介和色调重复练习。

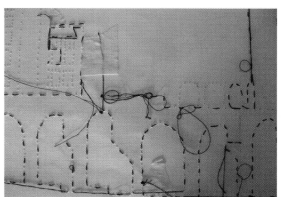
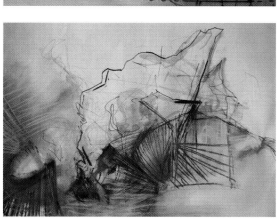

6 尝试用多样的方法表现材料、图案和纹理。左图的这些例子，在织物上使用了缝纫、拼贴和涂色等方式。

阶段步骤：表现现有材料

以石材为例，此阶段步骤是表现一种材料所能呈现的不同方式，从而可以表达其所营造的氛围。完成这个过程我们会用到摄影、铅笔画、色彩、涂料和照片处理等许多媒介工具。

1 首先选择你希望表现的材料。在此阶段步骤中，我们会对石材进行探讨，但这种方法也可以运用于其他任何材料。

2 材料的纹理和表面在受光时会得到突出，所以要选择一个阳光明媚的日子来进行这个步骤。使用调子素描（在这个例子中用的是碳笔），记录空间中的光线特性及光线在你所研究的材料上所产生的效果。

3 使用不同媒介完成材料细部的调子素描。

4 当光线投射到石材表面时，不仅会影响亮度和对比度，而且会使材料色彩更加明亮。在这种情况下，石材是很重的冷灰色调，但仍带有少许蓝色、淡紫色和紫色。记录下你观察到的在颜色上的细微变化。

5 用微距镜头拍摄材料，这能让你捕捉到精美的细节。

6 使用数码媒介，通过改变色调对比、颜色和透明度来改变图像。

7 借助数码媒介，在你自己的设计中用这些照片表现材料。你也可以试着处理素材的比例来观察这是否会使室内发生改变。加入人像赋予材料尺度感，并考虑可以如何利用材料特性创造不同的氛围。

草图模型和理念模型

在项目的这一阶段，草图模型是非常有用的工具。和绘图一样，制作过程和实验建模可以为设计提供解决方案；同时，也可以制作模型来测试有关材料设计的其他概念和想法。为了探讨模型所表现出的空间潜能，将这些方法与照明、摄影相结合，这将具有很大的帮助。

——草图模型可将设计理念按等比例制作或做成抽象的三维诠释。

足尺模型的各个元素都有正确的比例，例如家具，它可以帮助观者理解活动如何影响空间。模型也可以加上表面，以表现材料应用如何影响空间的整体效果。

左图和下图

采用实验草图模型来测试多种形式和色彩的组合。模型可以为空间设计提供许多解决方案。

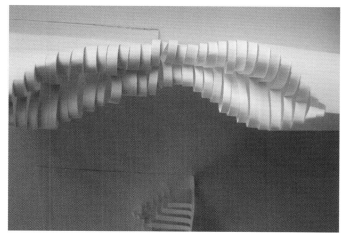

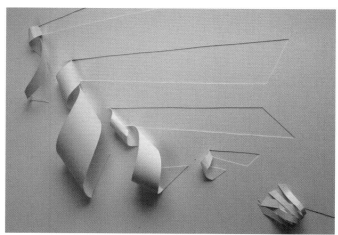

本页图
　　本页顶图中用CAD制作的室内设计方案是在纸材草图建模过程中产生而来的，如上面的模型所示。

下左图

史黛西·克罗兹（Stacey Close）在与小说家托尼·怀特（Tony White）参加工作坊后创造出"语言学拼贴"。在工作坊中，怀特介绍了实验策略（关于叙事、形态学、语法和句法），以探讨新的场所写作类型。

下右图

文字可以用来产生理念，并能与图画相结合传达材料氛围。

材料语汇

文字可以用来产生理念和交流思想。这个过程可以是只言片语、一首诗歌，或者也可以是更广泛的描述性写作，这可以对材料的艺术氛围或现象加以详细说明。例如，一种材料感觉起来、闻起来、听起来是如何的。文字可以与图画相结合，从而使设计意图更为清楚，并唤起对所设计的室内空间的三维感知。

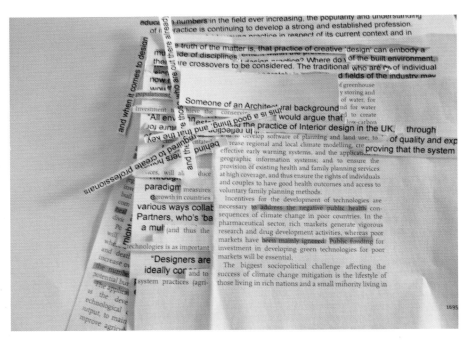

提示　建造词汇表

对设计师来说，发展出一个适当的材料词汇表相当重要，这些词汇能够在他们形成理念和与其他设计师、客户、制造商和承包商进行交流时使用。这个词汇表包括科学定义、技术术语、材料生产和表面材料语汇，以及艺术性或诗意的描述。

利用数字媒介，尽可能多地列出与材料有关的词汇。按照字母顺序排列词语，并用图片或你自己拍摄的照片做图解说明。

当遇到与材料有关的新词时，将它们加入你的词汇库，必要时加上定义。

在你对材料进行讨论和表现时，练习使用恰当的词汇。

"场所精神"样品

对设计师来说，利用实体材料来描述和讨论设计意图是最基本的。本书前面曾经提到，许多设计工作室中的材料样品非常之多，那可能是经过长时间的收集才有的，也可能是为特定项目而专门定购的。

在概念设计阶段，材料的解决方案尚未确定，所以样品是作为一种"自由"产品的组合表现出来，但也可以采用其他方法来表达意图：

拼贴或材料模型可以用于组合、表现材料。样板会包括一系列分层质地、色彩、面材，以此来探讨材料间的关系及色彩与色调的比例。

或者，可以将材料装配组合来表达对主题整体理念的想法，例如原有材料和新材料之间的联系或关于灯光照明的构想。这么做的难点是抓住设计理念的本质，并通过雕塑物表达这种理念，这可以与"理想"素描相媲美。

在理念设计阶段，设计师运用精彩、引人入胜的方法来解释他们的想法和设计方案是非常重要的，但同时也会增强批判性思维，这还能区分项目是否有所发展，并可提升更完善的设计的品质。

本页图
实验模型和素材样本可用于测试设计理念和交流意向。

以前的图片

在设计任何类型的空间时,确定参照图片或先前的项目将大有帮助,这可以启发概念性思维或有助于与他人,特别是与客户交流想法。

面对项目摘要,重要的是要研究一些相似的空间设计模式。例如设计一个餐馆,调查和分析其他能给你灵感和成功的餐馆案例可以帮助你解决功能和美学问题:公共空间和私人空间关系的处理;灯光,顶棚和家具的设计等。或者,先前的项目图片的选择不是因为功能的相似性,而是因其在其他方面可以给你启发,例如它使用的材料的色调。

设计者也可以从其他学科的实践者那里寻求启发。例如,材料在不同环境下是如何被运用的,或如何处理特殊家具的材料以使其适应室内设计。

当资料图片用来交流和表达素材观点时,为什么参照对象很重要就很清楚了。因为,它可能是材料的使用环境,组合和构建的方法,或素材的特殊运用方式;可能是特殊情况下素材的纹理、颜色、光线或并置。最好在速写本上及时记下你选择该图片的理由,以备后用。

设计者将自己的设想、参照物打印出来,或者以数码形式整理成文件夹或者速记本,未尝不是好习惯。可以记录步骤、设计想法、绘图方法、有用的参照图片及网址等。设计者在进行项目设计时可以建立、查阅这些资源,也可以翻看文件夹找找灵感,为以后的设计所用。注意,在展示时,所有信息来源必须谨慎引用,引用时要注明设计的名称、日期、设计者姓名。如果图片要以任何形式出版和复制,都必须事先与原摄像者联系,并取得同意。

本页图

在这个项目中,学生伊芙娜·嘉拉兹卡对奇尼莫德工作室的作品进行分析(先例项目是下排图中的冷冻酸奶店),并将奇尼莫德作品中对光、色的应用加以改变以适用于其自己的理念(如上图)。

12. 扩初设计

绘图和模型

一旦确定设计理念后，就要运用图纸和模型发展出更强有力和决定性的设计方案。正如项目概念设计阶段所描述的，可以运用各种不同的方法来测试想法和交流设计意图，但这些手法可能会与在项目早期运用的手法有所不同。

此时依然可以运用CAD和徒手画技术，但其重点应放在更详细和多尺度地表达方案和空间上。可以运用包括二维和三维投影图在内的图画组合或综合绘图。例如平面图组合、渲染剖面图、立面图、轴测图和透视图等。

在这个阶段，透视图可能是室内设计师能够用来探讨理念，并将设计意图表现给客户的最重要手段之一。透视图可以用来表达室内多样的视景，还可以描述材料与光线的关系。

同样，实体模型能在表达更详细的设计意图上发挥巨大作用，这通常也是一种具有魅力的表现形式。实体模型本身具有价值，同时也是一种摄影实物——其最终图片可以用电脑加以处理，并展现为一系列可供选择的透视图。客户通常对模型反应良好，因为模型比比例图更为直观、易于理解。

左图和下图
图显示为一个透视模型的俯视图和平视图，显示出待建室内的材质、色彩和图案。

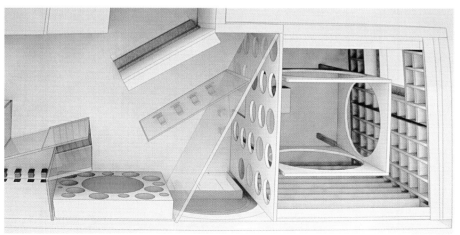

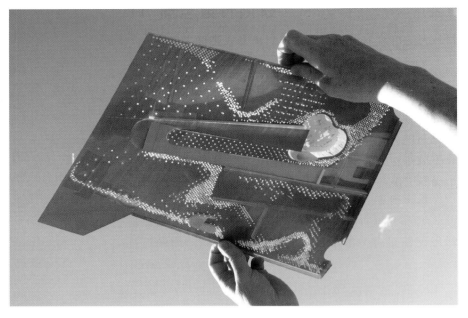

本页图

　　尤西达·芬德莱建筑事务所（Ushida Findlay Architects）设计的卡塔尔（Qatar）国家纺织品和服装博物馆（Museum of National Textiles and Costumes）。实体模型与CAD可视化相结合，实验并表现了受伊斯兰织物编织艺术所启发的空间理念。

计算机辅助设计图(CAD)

计算机可以创造强大而诱人的图像，以表现构想空间的品质。电脑图像可以和徒手画及模型照片相结合，创造出具共鸣性的室内混合表现图。

许多软件包可以对材料和图像进行扫描，与渲染图、场地照片相结合，它们还能创造出空间逼真的设计效果或更抽象解读。

同时，CAD也可用于探索室内设计的各种变量，例如可进行多样选择的色彩、材料和产品，以及光线在一天中如何影响材料的表面。可对电脑图像进行快速修正，来表现同一空间中不同光质下材料的各种组合与并置。

下图

计算机辅助设计可视化表现出室内光线、图案、木材、反光表面的特征。

底图

学生托尼·谭利用理正CAD 6000 3D渲染软件，在其2011年的简宁·斯通青年室内设计师奖（Janine Stone Young InteriorDesigner Award）获奖设计中，测试了多种色彩和材料。

上图

图片由朴茨茅斯大学学生霍欧娜·德米亚诺所作，步骤如下：

1. 将建筑平面导入SketchUp，然后创造空间的三维模型。

2. 选择一个视图（这个例子中是商店一景），使用Podium进行渲染。然后将这个视图保存为JPEG格式。

3. 然后选择SketchUp中不同的"风格"，以JPEG格式导出视图：一个采用"线框风格"，另一个采用"白线风格"，最后一个采用"有色透明风格"。

4. 然后将这些不同的JPEG图片在Photoshop中打开，分图层叠加全部放置在同一张图中。

5. "Podium渲染图"放在最上层。

6. 用Photoshop中的橡皮擦将所有图层一一进行修改：将每个图层中的不同区域擦掉，显示出下一层的图像。

7. 将一些图层在Photoshop中进行进一步的处理，完全去饱和度，添加色彩和材料，或采用艺术过滤器（如写生风格）。

样板和材料产品

交流扩初设计方案最有用的方式之一是利用样板和样品（一种材料的雕塑性组合）。将它们与绘图、模型一起展示，可以赋予室内设计更完整的表现。

顾名思义，样板/样品是设计师指定采用的一系列材料、色彩和成品，它可以与五金器具、卫生洁具等具有特定细节和材料产品的大型样品相结合。

样板/样品可以采取许多形式，它本身就是一种设计的练习。其材料需要以恰当的比例进行组合，同时也是一种设计理念的表达。如果方案采用极简主义理念，那么就会反映在材料样品的组合装配方式上；如果橙黄色在方案中用作强调色，那么样板上的色彩也应该与其他材料的色彩呈相同的比例，并不能在样板中作为主导。

传统上，样板都是放在木板或纸板之上的。如果使用这种方式，材料就需要裱框，或将面装和插装相结合：样板要有一定的深度，以容纳各种厚度的材料。但是，这些样品的展示可能会是三维或"雕塑性"的，并且可能专门设计为一个箱子、盒子、一套抽屉或铰链橱柜，来将其作为设计理念的拓展和具实际用途。解决方案应具有创新性，并表现出你设计的完整性和概念思维。由于材料可能会在不同地点的许多不同会议上进行展示，因此设计者也要考虑材料如何运输和展示的问题。

除了这种传统方式，也可以采用基于计算机展示的数字样板。样品图像可以来自于互联网（务必指出引用，标明出处），也可以将材料进行扫描和组合。这种方法有它的用途，但是，它也会使观众无法了解真实材料的触觉性质、表面、纹理、气味等特点，从而使材料的这些方面无法完全得到领会和理解。

在开始进行细节图、规范说明书和文本编制过程前，通常会利用样板和材料产品来通过方案和核准设计。

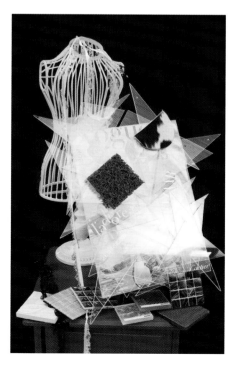

左图

展示样品不一定只是简单平放在木板上。这些例子说明可以采用更具创新性的方法来呈现样品。

阶段步骤：介绍材料样品

在项目的不同阶段，通常会将材料呈现给客户和其他有关各方，用以交流和讨论初步的想法，表现成熟的创意或当前蓝本。

这里的图示练习鼓励设计师思考如何将材料进行组合以沟通首选的材料意图，以及材料选择如何与整体设计理念相关联。

1 考虑你所选择的材料与整体设计理念之间的关联。这些材料如何表达和强化这个理念？它们如何与现状产生联系？

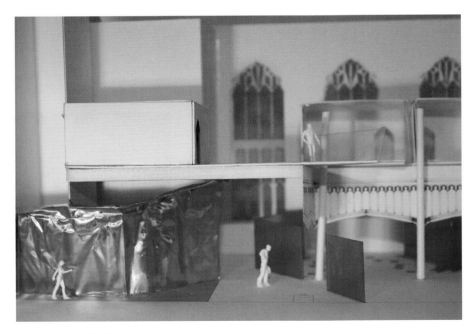

2 将材料样品收集在一起，考虑如何组合它们来反映你的设计方案的整体理念。这些材料是否将呈现在板面上？是否采用窗式装裱？是否表现为雕塑物或空间物体？其形式或构成是否与场地、设计理念、剖面图或平面图相关？

3 考虑材料的组合比例。其使用是否可以反映出你设计的室内的比例？对材料表面处理和色彩的关系进行测试，考虑是否会有更成功的可选择方案。

4 一旦你已经确定了所用材料的适当比例和近似模式，便可以开始测试各种可能的布置方式了。

5 在你最终确定了组合方式后，可以采用精确的切割、固定和连接的方式进行材料装配，以此来表达整体概念与材料细部的关联（宏观和微观尺度）。

13. 细节和施工阶段

细节图和施工图

　　细节图用于分析材料功能与美学之间的关系，并表达出最终设计。这些图纸传达的信息，可以让我们对室内进行"估算"（即建造所需的费用），同时可以使承包商理解设计师的意图并建造室内，也能用来与专业承包商/顾问达成一致的施工方法。

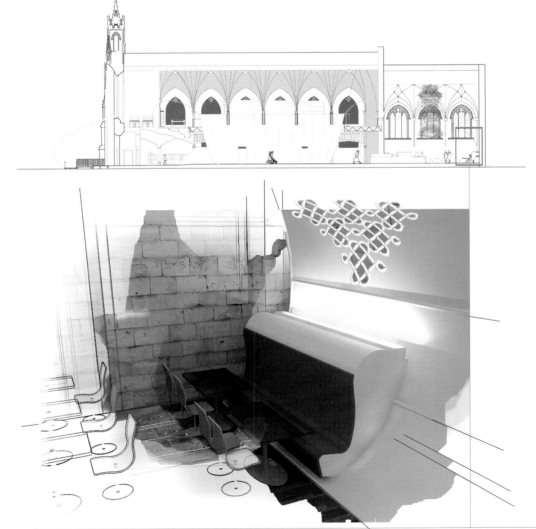

左图和对页图

　　一位学生将1∶10的详图与视图相结合，来表达如何对其设计进行建造，以及预期的外观。左图中红色正方形指明了对页图中所详细表现的区域。

剖面详图 比例1：10
1. 91mm×15mm×2mm康丁地板——米开朗基罗
   焦橡木乙烯板
   砂浆底层
   地暖
   热绝缘
   邻苯二甲酸二甲酯(DPM)
   混凝土板
2～4. 再生铝
5. 不锈钢支架用螺栓固定在拉伸架上
6. 角钢
7. EPPM中间层
8. 灰色仿麂皮绒涤纶织物
9. 聚氨酯内饰
10. 25mm模压纤维板构件
11. 3mm半透明有机玻璃
12. 日光灯管
13. 纤维板
14～15. 木材剖面
16. 加厚PVC涂层玻璃基网眼织物
17. 4mm不锈钢电缆与开口式锻造构造套在一起
18. 钢架
19. 夹在斜边钢化安全玻璃之间的编织纤维网

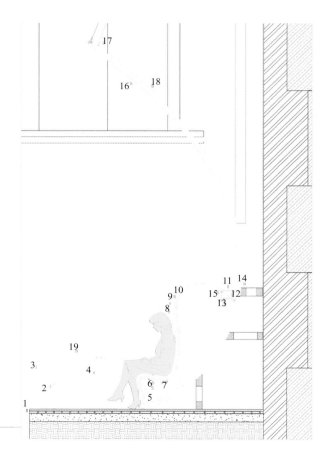

在项目的这个阶段，需要绘制比例不同的图来诠释设计意图：材料如何并置；节点、交点、配件、紧固件的情况；结构、装饰、声效、卫生等不同类型材料之间的关系。这些图也可用于确定室内各方的朝向及协调顶棚、隔墙上的管道和灯具等建筑设施。这些图可以被称为"施工图"，它们说明了空间建造的过程和空间中元素的制作，并且建筑承包商、制造商或安装工将以此为根据来展开工作。有时，这些施工图的完善与承包商相关或由他们完成。（更多的详图和施工图可参见第178页和第180页的案例研究）。

详图可以采用1：1（真实尺寸）的尺寸绘出。这个比例可以使相关人员近距离地检验材料，思考这些材料如何组合在一起，以及如何与其他室内构件相整合。空间中可能会存在特别困难的条件，此时需要进行认真的思考；那么1：1的比例就可以进行这种程度的调查，并能够解释一些非常复杂的地方需要如何进行组装或建造。

其他的比例，例如1：2、1：5和1：10（真实尺寸的1/2、1/5和1/10）等，都可以对细部进行不同类型的探索和解释。如果图纸是实际尺寸的1/10，那么很明显它不适合表现细部，但可以说明相邻构件的位置，例如可以表现一扇门或一件设计家具或配件的位置。1：2和1：5比例的详图通常可以用来描述节点、交点和组装细部。1：20的比例通常用来表现细部的位置（画成1：2的比例等）。室内设计师、建筑师和工程师也可以利用其他比例的图纸进行协调，比如协调建筑设施和灯光的位置。

上述所有图纸将放在1：50、1：100和1：200比例的图中，形成一组连贯的文档，以展现整个室内设计和施工。所完成的一套图纸连同下页中所示的材料说明，组成施工计划，一并发送给建筑承包商。

图例

在准备说明材料细部的技术图纸时，设计师往往会采用公认的图例。以下列举出了一些；参考书和行业导则中对图例也有描述。

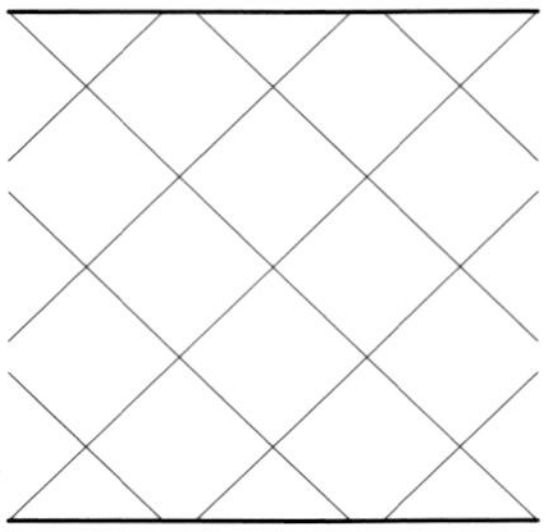

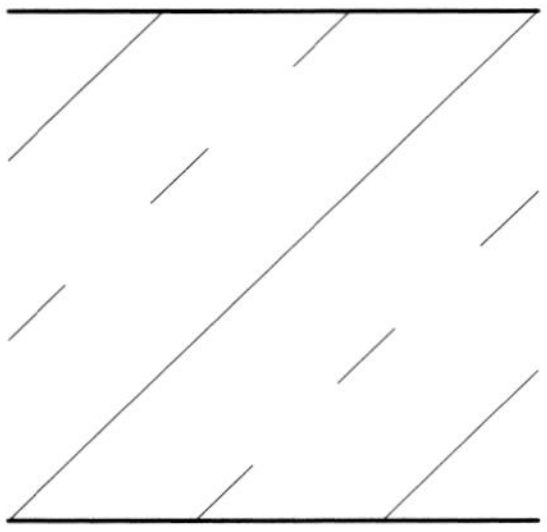

石材

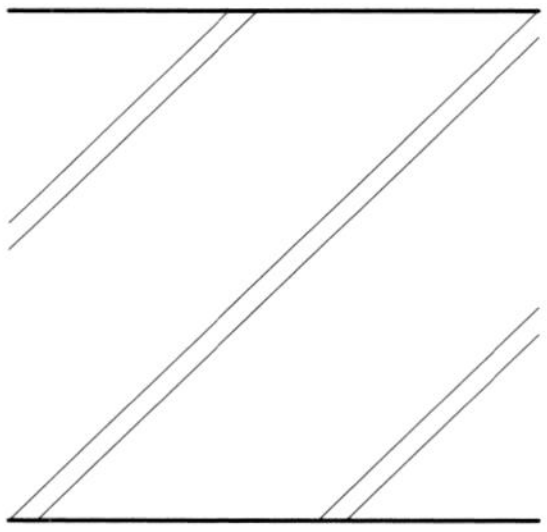

砌砖

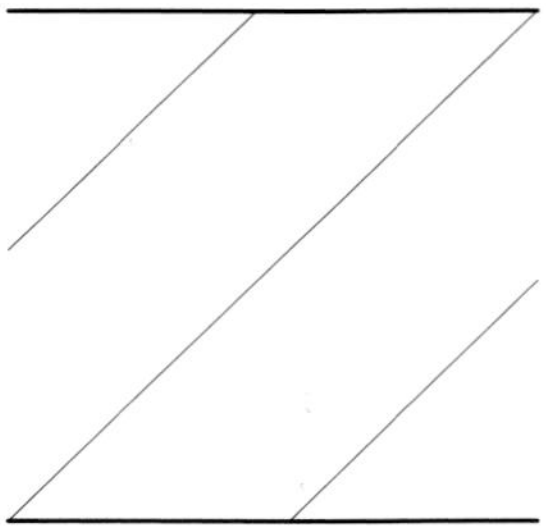

预制砌块

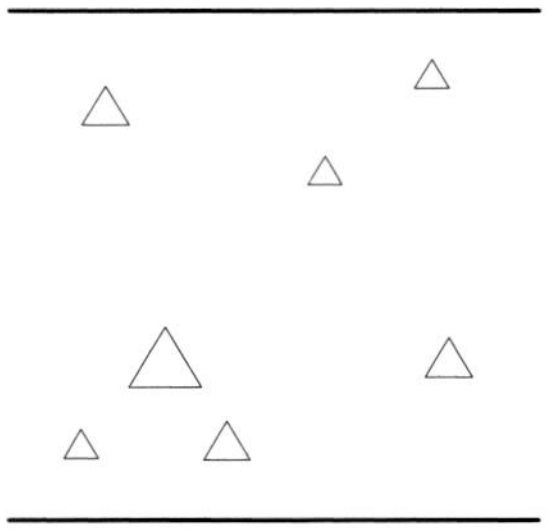

混凝土

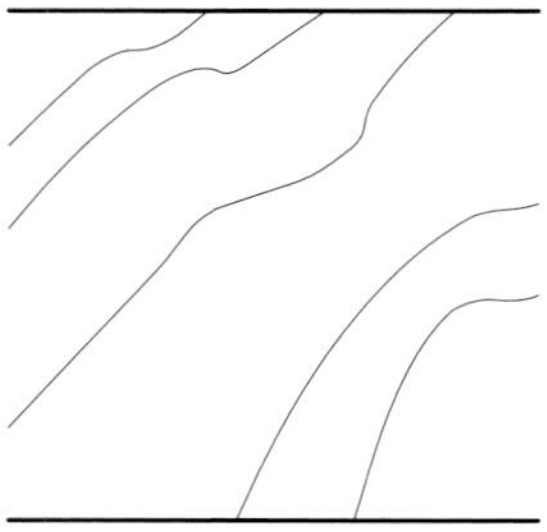

软木

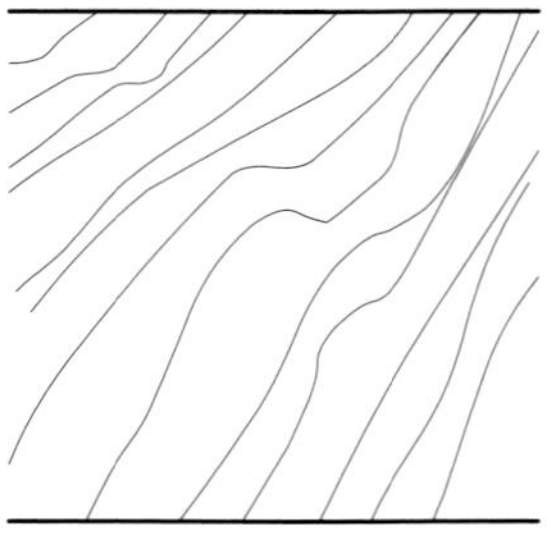

硬木

石膏板

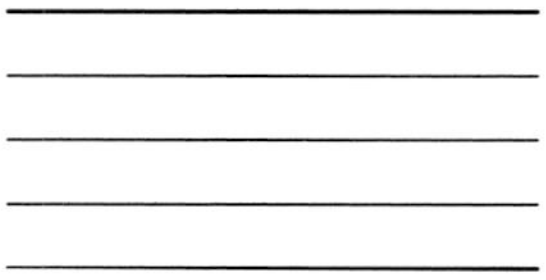

胶合板

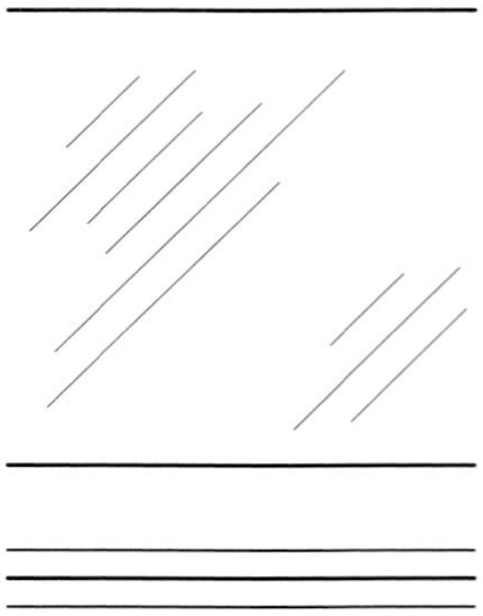

玻璃

文字表现和描述

一旦客户认同所选的材料并批准成本，设计师便能够对产品进行细化说明。

在此阶段，可以通过详细的说明语言对室内进行描述，例如空心墙、流平砂浆、吊顶、框架板间墙、清水砖、瓷砖地板、胶粘花纹拼配薄木板、喷漆和灰泥表面处理。细化说明这一过程是由设计师向客户、设计组和建筑承包商确认已经认可的准确材料或产品，以及如何利用这种材料或产品；然后，就能将材料作为施工整体内容的一部分进行购买和组装。说明书通常会与一系列材料定位和描述施工细部的图纸配合起来看。

材料同时也能被列在工程量清单中。这个文件列出所有用在空间中的材料，像一个成分清单，以便这些材料能够方便设计师或质量检验员进行测量、量化和做成本计算。例如，由设计师所确定的木材区域可以被测量和量化，从而可以对这种材料的购买和安装价格进行预估。这是了解整体项目成本的一种有效方法，同时也能让人们知道所选择的材料如何降低和增加成本。

下图和下页图

实际上，材料说明不仅可用语言进行交流，而且也可与视觉参考图一起，以说明书的形式出现，如下图和下页图所示。这种文件形式为设计者、客户、承包商提供了清晰而有效的参考。基于Freehand程序给出的数据，显示的具体图表描述了产品名称、颜色、供应商和制造商等细节，也可被用来确定相关费用。

面料

编号：FN006　　位置：焦点

房间
项目：家具套垫
商品名称：DIVINA2
制造商：KVADRAT
产品说明：
• 100%新羊毛面料
• 45.000马丁代尔擦测试指标
• 在所有套垫缝合处使用彩线双针来搭配面料
• 编号224焦点房间吸声顶棚采用暖灰色
• 编号334接待处/组合沙发采用灰褐色
• 编号552接待处/落地扶手椅采用赤褐色
• 编号671操作椅采用紫红色

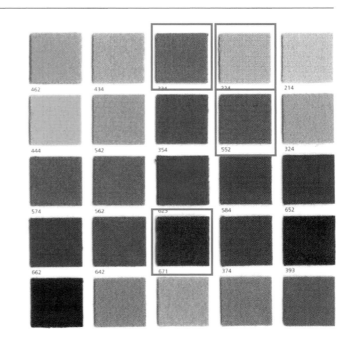

顶棚表面处理

编号：FN008　位置：EA/CSSA

项目：隔音顶棚瓷砖
商标名称：Offecct，Soundawave®Flo
产品说明：
• 白色吸声板/600mm×600mm，用在石膏顶棚上，改善声学效果
• 可循环模制聚酯纤维装设在白色毛织物上

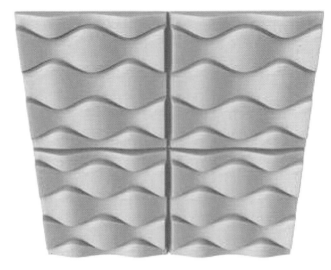

扶手椅和搁脚凳

编号：FU002　位置：接待处

项目：扶手椅
商标名：EGG
［弗里茨·汉森（Fritz Hansen）公司生产的蛋椅，由阿纳·雅各布森
（Arne Jacobsen）设计］
产品说明：
• DIVINA2 KVADRAT面料

原型

原型是对室内实际大小的展示，可以由主要建筑承包商或专业分包商在现场或其工作室进行建造。原型能够测试独特的结构或用途，或是在室内建造前测试材料的性能。这时可能会采用替代性的方法和材料。同时原型要被设计团队的所有相关成员评估，得到客户认可。

竣工及使用

一旦建成室内，就需要完成一些展示和表现室内的图表。包括以下这些。

障碍清单：这个清单列出的是客户或设计师确定的最终室内的关注点；与建造品质及建筑是否与施工图和说明书符合尤为相关。然后这个"障碍清单"会交给承包商来处理。

一系列"竣工"图：这一系列图纸充分说明了建造的情况。这些材料对客户十分有用，并能在竣工后进行查阅，或者如果室内特定区域需要扩展或进行维修，但不容易扩展时提供参照。

操作和维护手册：当项目完成时，会将这个文件交给客户，这对一个较大型的项目来说尤为重要。它包括如何操作与维修室内构件的信息，例如：如果某种确定的材料需要专业清理和维修，那么在手册中就会明确

说明清理的方法。手册同时也包括灯光照明与电源等机械电器装置、安全装置，以及机械通风系统等方面的信息，同时还将列出新型灯具或视听设备等的供货商。

最后，在竣工时，通常会采用摄影技术将竣工的情况表现出来。客户使用照片来改进他们的新建筑，设计师则将照片加入其作品集；这些图片同时还可用在图书和设计期刊中。这种照片记录能给其他设计师和客户以极大的启发，也有可能构成设计档案的一部分，并最终成为室内的历史说明信息，如本书前面部分所述。瑞士建筑事务所赫尔佐格和德·梅隆（Herzog and de Meuron）的观点也许会受到质疑，但是其表述的确发人深思：

这之后，一旦结束任务，完成建筑，采用照片来展现作品就变得相当重要，其重要性仅次于建筑本身。[1]

1 雅克·赫尔佐格，皮埃尔·德·梅隆，赫尔佐格与德·梅隆著博物学，加拿大：建筑出版中心与拉斯·缪勒出版社，2002：399。

第五部分
材料的分类、加工流程和来源

141   14. 材料的分类

156   15. 材料的来源和资源

许多设计师都有其多年测试、收集和保存的"最喜爱"的材料选配。然而，出色的设计师同时也会对材料的变化趋势和创新进行留意，并为自己熟悉的材料选配、寻找增补物或替代品。

本书这一部分将介绍一些对设计师寻找信息和材料产品有用的材料来源和资源，同时还会介绍材料类型、加工过程，以及材料分类、描述和组织的方法。

左图

阿姆斯特丹实体展览馆（Materia Inspiration Centre），与在线资源材料库相联系（参见157页），这个实体展厅展示了一系列具启发性的新材料，并为不同学科的从业者提供了分享知识和理念的机会。世界各地也有其他类似的资源。

14. 材料的分类

设计师们进行分类和组织材料的方式，无论是有形的（比如在图书馆中），还是在搜寻产品时使用的，都将渗透到他们所做的设计实践和创造的室内中。设计师们对材料的识别、理解（在适当应用方面）、命名与分组方式等产生质疑，并考虑"全面"了解材料的可行方法，是非常好的一件事。

材料可以根据其机械性能进行分类和归档，设计师在考虑材料的预期功能时将对材料的机械性能进行评估。例如：

强度 材料可以根据其抗压能力分为高强度材料和低强度材料。

刚度 材料可以根据其外加应力与弹性应变的比例分为硬度材料和弹性材料。

塑性 如果一种材料在受拉时具有塑性，就可以被称为具有"延展性"；如果在受压时具有塑性，那么则可以被称为具有"可锻性"。

韧性 材料可以是坚韧或易碎的，这与材料在断裂前吸收多少能量有关。

硬度 材料可以根据其表面抗凹陷能力的大小分为硬材和软材。

材料也可以根据其可能的功能或预期的应用进行分类，例如用于顶棚的材料可以与用于地板表面、隔断等的材料分在一组。尽管这是一种用于实践的逻辑归档系统，在一些情况下也能很好发挥作用，但是这也会阻碍更具创造性和更精彩的设计产生，比如将一种材料用在其原来范畴以外（重新指定其用途）。

设计师也可能采用与材料科学定义大致相符合的分类和组织方法。使用这种常规的"科学"方法能够发现，单一材料可以实现多种功能：木材可以用作地板表面材料，但它也可能用作墙体或顶棚的饰面材料，它也许会因为其结构的完整性而作为一个装饰面，它可以被认为是温暖、持久耐磨的地板材料或需要精心打理的表面。但是，这种分类方法仍然属于预料之中，也有一些不符合这些定义的当代材料，例如由两种或两种以上材料制成的复合材料，或形状记忆合金或压电陶瓷等为了应对环境而设计的"智能"材料。

对可能的材料分类方法进行测试可以鼓励设计师进行横向思考，探索材料的潜能，如下页中所说明的。

在下面的篇幅中，我们会依据广泛的材料的科学分类，来描述不同的室内设计材料，以及与其相关的材料成品和加工过程。

分类1　根据通用名称分组。这是现实生活中储存材料的一种常见方法。但是，分组没有统一的标准，一些地方指的是材料所采用的形式（薄膜、地毯），而在其他地方则涉及材料的科学分类（玻璃）。

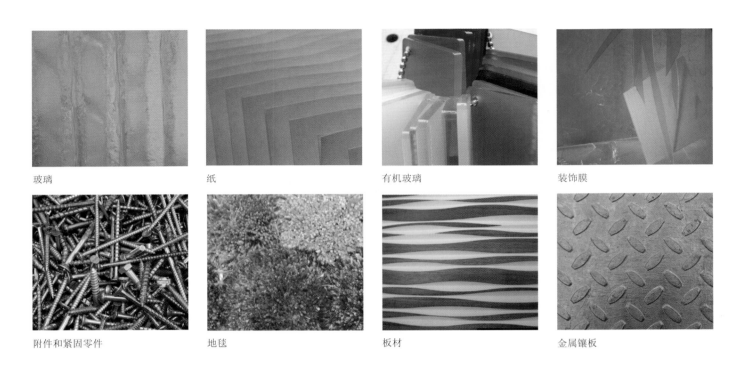

玻璃　　　　　　纸　　　　　　　有机玻璃　　　　　装饰膜

附件和紧固零件　地毯　　　　　　板材　　　　　　　金属镶板

分类2　总体与材料的科学分类一致。

陶瓷（包括玻璃）　玻璃　　　　　　金属　　　　　　　聚合物

木材　　　　　　天然纤维　　　　　合成材料　　　　　石材

分类3 按照材料可能的应用进行分类。

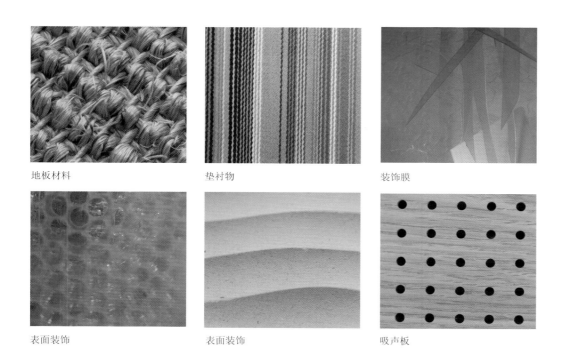

地板材料　　　　　　垫衬物　　　　　　　装饰膜

表面装饰　　　　　　表面装饰　　　　　　吸声板

分类4 根据材料的感官特性进行分类。

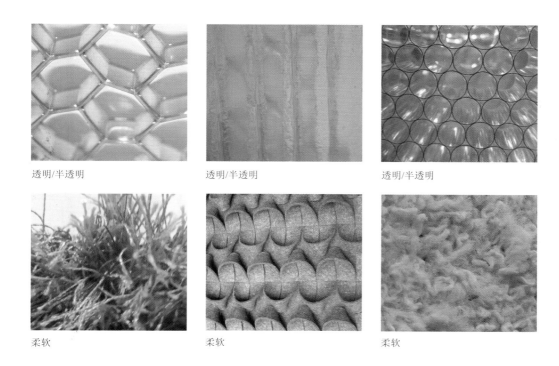

透明/半透明　　　　透明/半透明　　　　透明/半透明

柔软　　　　　　　　柔软　　　　　　　　柔软

聚合物

　　聚合物包括橡胶、虫胶和纤维素等天然材料，同时还包括合成或半合成的材料，例如胶木、聚丙烯、尼龙和硅胶等（所有这些都已经广泛用于室内设计之中）。

　　聚合物可以采用热固性和热塑性处理，这些流程使材料暂时更具可塑性和/或延展性。一些使用这些方法加热的聚合物利用铸模、注塑和旋转模塑等技术，会更易于成型；当材料冷却后，会凝固为新的形态。聚合物同时也能用水射流和激光进行切割，采用光固化快速成型工艺制成薄片。这些处理方法运用于创造桌、椅、覆层等各种不同的大规模生产和一次性产品中。

　　塑料的强度、韧性和延展性变化很大，所以对于能否满足预定功能，需要对材料进行仔细的检查。设计师们还必须意识到一些塑料虽然是由淀粉、纤维素等100%生物降解和有机的材料制成，但众所周知它们对环境是有害的。

　　室内中能采用的高分子材料多达几十种，如塑料复合材料、塑料覆层、塑料片材和橡胶地板等。在制造过程中，可以应用不同的表面处理方式对这些材料进行处理，比如纹理结构、刻痕或凹凸图案，或者层压表面。一旦聚合物成形，材料便可以进行丝网印刷、切割、抛光和涂上装饰或制作防护表面。

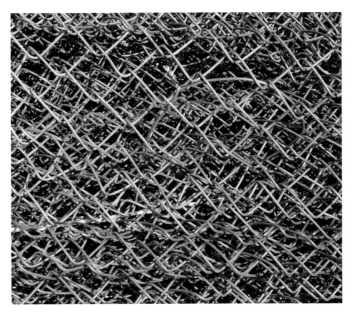

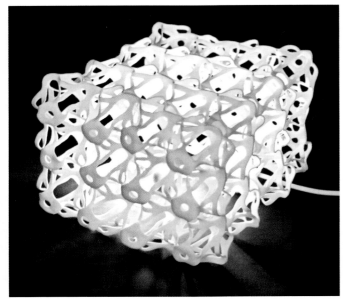

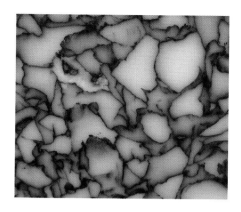  

上排图

聚合物具有多种颜色、不同质感和透明度。

中图

2001年由NL建筑设计与楚格设计两个公司所设计的巴黎鸳鸯旗舰店，由橡皮筋构成的墙面被用来展示商品。

下排图

由普弗-布夫设计事务所的安娜·塞德莱卡与瑞德克·阿基瑞摩维克茨设计的低压灯"巨星"（Superstar）中采用了充气高频焊接PVC膜（不含邻苯二甲酸盐）。每个灯球都设有单独的阀门和一个LED光点。

金属

　　金属在元素周期表中占75％，锡、铅、铝、锌、钛、汞、铁、铜和钴都是金属元素。金属可以与其他金属或非金属元素相结合。例如，碳可以形成合金：铁可以与碳合成钢，与纯铁相比，钢更硬，并具有更大的抗拉强度。

　　金属常常具有硬度和延展性，尽管它们的机械特性有很大的不同：镍合金可以抗腐蚀；钛在高温下会变得比其他金属更坚固；铝易于塑型；铁和钢由于其强度大而被用于建筑建造。

　　金属能采用多种工艺进行加工，如铸造和成型、激光切割、板金加工、管材弯曲、金属旋压、金属冲压

等。金属常常用于构造和作为一种覆层材料，同时被用于产品设计中，例如用于制造五金器具和钉子、铆钉、铰链、钳子等附件和连接件。

　　设计者根据功能设计为室内项目选择适用的金属，同时也会考虑美学特性，这将根据金属的内在特性而有所不同，例如铜或青铜的颜色。但是，采用不同的表面处理，金属的美学特性也能够发生改变：能通过压锻、压印处理形成金属表面纹理，而采用丝网印刷、穿孔、珠光处理或光致抗蚀剂酸蚀刻等技术也能印上图案。可以对金属进行刮擦、锤打、磨光、氧化、电镀、涂油或抛光处理，并用电镀或粉末涂料加上涂层。这些可能性都需要设计师进行探索。

本页图
　　金属可以被塑造成多种形式，包括网状穿孔金属片、起皱铜板和波状铝板。

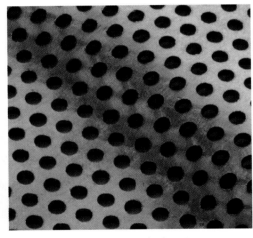

下图

在巴黎鸳鸯旗舰店的设计中，NL建筑设计与楚格设计还设计了一个"颠倒的衣架"（inverse clothes rack）。受到衣架上衣服形态的启发，他们创造了一个无缝连接的磨砂铝茧。

右图

扎哈·哈迪德建筑事务所在日本札幌（Sapporo）季候风餐厅（Monsoon Restaurant）的转折点上，创造了一个金属的解构主义增建体。

木材和其他有机纤维

木材和竹、软木、棉、毛、丝和麻等其他天然材料一样都是有机的纤维合成材料。它们具有一定的强度和硬度等多种特性，如果原料正确处理，则能够循环再生。它们同时还具有吸引人的感官特性，如内在的天然气味、质地和色彩。

木材可加工制成胶合板、复合木块及板材，也可以通过车床、锯子、激光切割、分离法、木材车削和蒸汽弯曲等工具和方法制成各种形态。

与金属一样，不同的木材具有不同的功能和美学特征，我们可以应用表面处理来改变其外形和保护材料。木材可以采用虫胶、清漆和油进行打蜡或密封（这些流程能使木材充满柠檬、亚麻子或蜂蜡的气味）；可以采用钢丝绒、浮石和织物垫进行磨光、拆解和抛光；可以应用着色剂和油漆来给木材上色并对其进行保护；此外，也可以在木材上涂漆来增强其耐热性，并创造出高光泽度或亚面的效果。

左图
　　"设计精神"设计事务所所设计的日本北海道（Hokkaido）二世古村瞭望咖啡馆（Niseko Look Out Cafe），其中采用了表现日本特色的竖向木格架，营造出卡座、墙体和顶棚。

右图
　　各种木质产品的样品，包括艺术木、竹材（来自竹地板公司）、磨光中密度板（MDF）和刨花板（叠层木薄片）。

艺术木

磨光中密度板

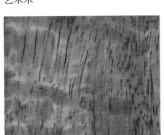
红木

榉木

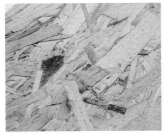
刨花板

竹材

　　纸，是一种由木材和其他有机材料制成的产品，它兼具一系列功能而被用于室内，例如壁纸、墙板、隔板及日本的屏风。纸或纸浆是一种多用途的材料，并可以采用冲压、模塑和铸造等多种技术进行加工，以创造出一系列透明和不透明的形态。同样，纸板也可以创造出轻质但牢固的形态。

　　有机纱，如毛、丝、棉等都可以在室内设计中被广泛地用作窗帘、垫衬、隔板、地毯、垫子、灯具和吸声或装饰覆层等。加工方法包括冲压、模制、编织、裁绒和打结等，所产生的织物可以通过缝合、紧固或胶合，创造出众多的形式和表面。

下左图
　　产品设计师MIO采用压缩、模制纸板制造墙体和顶棚。

下右图
　　由科尔和森制造的装饰壁纸伍德斯托克。

左底图
　　《剪纸》，由迪阿克事务所（艾琳娜·多罗索与合作者尼科斯·卡凯特塞拉斯、克利萨·康斯坦特尼奥和10位志愿者）为希腊雅典的Yeshop服装展厅所设计。这个项目中结合了百分百可回收材料，包括上千张瓦楞纸板包装材料和低成本的定向刨花板（OSB）。这种生物形态结构的设计灵感来自于人体构造。

右上图
　　安娜·克尤·奎恩利用手工精剪、缝制和成品天然织物制作出如毛毯等室内纺织品。

右中图
　　纺织物地毯。

右下图
　　丝绸。

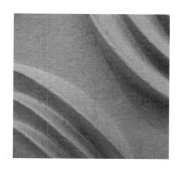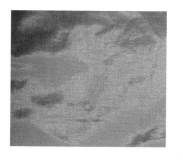

陶瓷和玻璃

陶瓷是一种奇妙的材料；它具有延展性和柔韧性，可以进行伸拉、挤压、模塑、浇注和研磨。[1]

陶瓷属于非金属材料，能够对它进行浇注、模塑塑型、高温烧制，以创造出地砖和墙砖、陶瓷锦砖、卫生洁具等多种产品。陶瓷制品一般都防潮、耐高温。它们牢固、坚硬、耐磨，但往往易碎。陶瓷有纹理，防滑、抗冻，可以对其着色或上漆，在烧制时可以上釉。砖是一种主要由黏土制成的古老产品，是一种陶瓷制品，并由于其结构的整体性、温暖的色调和装饰潜能而加以利用。砖是模块化的构件（常规尺寸为215 mm×65 mm），并能成行铺设（称作"层数"）和以不同的排列/图案方式进行铺设（称为"砌式"，例如荷兰式砌合法、顺砖式砌合等）。

几千年来，玻璃（也被认为属于陶瓷"家族"的一员）一直被用作产品、珠宝、装饰品和玻璃装配。最近，玻璃吹制和加工方法已经创造出大量的产品，如结构型玻璃、热绝缘体、玻璃纤维加固混凝土和玻璃钢。同时，玻璃也是用于光纤和电信技术中必不可少的一种材料。

出于安全的目的，玻璃可以进行钢化或叠层；织物、金属网和其他材料也可以放在叠层之间来产生创新性的表面装饰效果。"智能"玻璃可以进行准确转换，这样材料在通电时可以变化透光性（从透明到不透明）。

在制造玻璃的过程中玻璃的表面可以取得许多效果：金属能加入玻璃材料中或用在玻璃表面上，创造出虹彩或二色性的效果；玻璃能进行酸蚀或喷砂，来产生图案和取得不同程度的透明度；可以采用CVC机械加工来切割玻璃；也能采用丝网印刷或底面涂漆来上色。

1 克里斯·莱夫特瑞著，创意设计材料，布莱顿：诺托视觉出版社，2006：6。

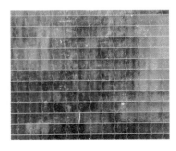

左图

夹丝玻璃和浇注玻璃。

石材和板岩

石材（包括花岗石、大理石和石灰石）和石板等天然材料取自于大地，在人工环境中进行加工并使用。石材可以用作模块、石板、铺路材料和瓷砖等，这些石材可以有不同的尺寸（从15平方毫米的石材马赛克到1米多长的石板）。石材也能凿切成复杂的形式。

石材地砖通常20~30 mm厚，可以放在沙床上或粘在水平基材上。石片材现在也可以加以利用——较薄的石砖可以与刚性片材聚合物、金属或刨花板相黏合。

石材的功能特性变化很大。例如，花岗石是一种十分坚硬的无孔材料，它通常被用作地板表层、覆层材料或厨房卫浴台面面板。其他石材如大理石、石灰石、石板也用于以上用途，但它们比较软，且防潮性较差，因此对其应用和表面加工时需要进行仔细的考虑。石灰有凹痕，除非将孔填上，否则不太适合用于易积灰或易污染的室内环境之中（例如易沾染食用油的地方）。

这些材料可以有多种色彩（自然变化）和表面效果：光面、砍削、粗糙、亚光和锻造等。石材碎片也可以与水泥或树脂材料结合，创造出水磨石等复合材料。

石材是一种耐用、高品质、昂贵的材料，它来源于不可再生的有限资源。

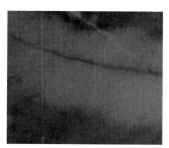

本页图
一系列石材类型和形态，包括大理石、砂岩、石灰石、铺石、石块和卵石等。以下图片说明了石材可采用的色彩、图案、纹理、表面和模数。

大理石

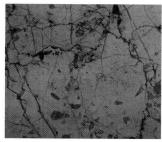

大理石

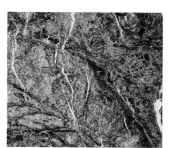

大理石

石灰石硅酸盐块

花岗石铺路石

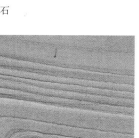

砂岩

侏罗石灰石

卵石铺地

不规则的花岗石铺地

动物产品

动物产品，如象牙、皮革/毛皮、贝壳和骨骼等已经被用于室内设计（装饰艺术时期使用的材料）。皮革广泛用于室内装潢，也可作为覆层和地板材料，而珍珠母则可以用来制作装饰面砖。由于一些物种受到保护，因此一些动物产品的交易是非法的，例如象牙。然而，这些材料依然备受青睐。现在市场上已经制作出所有来源于动物的产品的合成替代材料。

动物毛皮

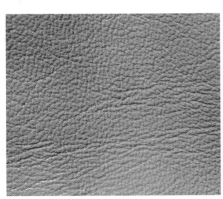

合成皮革

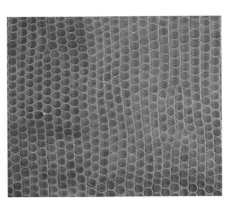

合成蛇皮

珍珠母面砖

皮革地板

复合材料

以上篇幅中所探讨的许多材料也可以被认为是由一种以上材料成分所组成的复合材料。钢铁属于一种复合材料，其他类似的例子还有环氧树脂、玻璃纤维和混凝土。

混凝土是一种古老的建筑材料，它并不符合上述任何的"科学分类"。由于其潜在的强韧性和多功能性，混凝土在当代建筑中的使用要比其他任何人造材料都多。混凝土由水泥制成，这种物质中含有石灰，它会变硬并可以与其他材料相结合，还含有粗骨料（如碎石）、细骨料（如砂子）、水（还可以根据用途添加其他的化学品）。所选择的混配方法会影响混凝土的外观和物理性能。例如，混凝土可以用"起泡"工艺（在混配过程中带有气泡）产生出更轻、更防冻的产品，或者也可以添加玻璃纤维光索制造出透光产品。

跟其他灌浇或浇铸材料一样，混凝土也可具有不同的表面纹理。这可以通过选择木纹效果等具有特定图案的模板或框架（在混凝土变硬前使用的容纳工具）来实现。表面纹理也会根据骨料的大小而有所不同。此外，混凝土还可以用在现场快速组装的预制组件中。

混凝土的材料来源、制造过程及处理方法等已经引起了环境方面的关注，混凝土行业为提高混凝土对环境的可持续性正进行着不懈的努力。例如，废纸浆目前成为水泥的一种形式。

灰泥（或石膏）也是一种被广泛用于室内环境中的与水泥类似的材料。石膏可以上色，与细骨料和玻璃混合，并可以采用不同的技术创造出一系列的表面效果。在历史上，石膏也被用作绘画和装饰的表面，例如在一些罗马别墅中就可以发现这样的做法。如今，石膏板（由石膏制成的硬板）已经成为一种随处可见的材料，它可以用来建造墙体，并利用石膏粉灰层（光滑或有纹理的）、纸张、装饰板和涂料进行表面处理。

当代材料通常被归类为复合材料，例如使用稻壳、大豆、玉米和谷物等生物可降解材料的生物聚合物，将聚合物与可再生木粉相结合的"塑化木"，激光烧结材料，弹性合成材料，杜邦可丽耐和其他包含丙烯酸和氢氧化铝的类似固体表面材料，以及许多其他组合了可回收金属、石材、塑料和陶瓷材料的产品。

以上这些材料和许多其他传统材料都可以采用现代计算机辅助技术进行加工、设计并制造出多种复杂的形态。

上图、左上图及左图
卡斯泰维奇博物馆中原始的粉刷石膏墙。

左上图
可以进行混凝土浇筑，以取得不同的表面纹理。

上图
混凝土可以与大小不同的骨料相混合，以取得不同的色彩和纹理。

左图
卡斯泰维奇博物馆中的混凝土台阶。

新兴材料和工艺

在这本书的第一部分中已经提到新兴数字技术对空间设计所产生的变革性影响。但是，由于这些新方法尚处于发展的初级阶段，所以很难预测它们将如何继续支持材料的创造、生产和应用。通常由设计师和科学家合作进行的研究和产品原型表现出许多诱人的可能性。

材料的开发

从学术研究、科学和工业活动中被开发和正在不断出现的材料具有从前所无法想象的特性。下面我们将列举一些例子，但实际上还有更多。

纳米技术是材料科学中最重要的研究之一，涉及在原子或分子层面上合成材料的发展和操作。

石墨烯这种材料只有一个原子的厚度，并被认为是已测量过的最坚固的材料。曼彻斯特大学的安德烈·海姆（Andre Geim）教授由于其对这种材料的研究工作而被授予诺贝尔物理学奖。他曾这样说道："石墨烯不仅只有一种应用，它甚至不是一种材料，而是一系列众多的材料。最好的比较就是看看塑料的使用。"[1]

由纳米技术实现的材料和流程可以产生出比传统产品更小、更轻、更牢固和更便宜的产品。例如：碳纳米管（CNTs）便是超强的弹性材料，它可以在未来投入使用，取代钢和混凝土，创造出轻质的建筑结构。碳纳米管可以用来建造"轻薄建筑，这种建筑能开启远远超出我们想象的空间领域……碳纳米建筑会像云一样"[2]。同时，纳米技术也开始影响室内使用的智能材料的发展。

智能材料属于复合材料，能对外部刺激产生反应，这种反应被称为"传感、可适性"或"活性反应"。例如：传感材料中内置的传感器可探测材料结构的变化；可适性材料可以回应热和光等环境条件，改变其色彩或体积；而活性材料兼有传感器和驱动器二者，能够进行复杂的活动——它们可以感知变化的环境并加以适应。[3]这些"活"材料在室内应用广泛，还包括能吸收气味、检测和吸收生物制剂的材料，同时，如果它们被中断或回应热和光时则会改变颜色（热变色和光变色）。这些材料具有形状记忆，或白天收集光线、夜晚将其释放的能力。一些材料甚至在发生火灾的情况下可以自动灭火，自己进行清理和修复。

材料的加工

数字加工辅以较为传统的材料操作方法，可以为设计师提供新的灵感。数字技术不仅可以数字化加工新材料，同时还可以用来对砖等常见材料进行"重新构思"和装配。

当代加工包括以下内容。

二维加工：数控水注切割和激光切割。

减色法：电脑数控（CNC）铣削。

加色处理：三维印刷、快速原型制作、立体光刻、激光烧结、分层实体制造。

机器人技术：用于翻译并将数字化设计的空间和物质实体相连接。

这几页所示的案例和类似的研究项目表明，机器人技术不仅将被用于材料的制造，而且也被用在高效精准组装和连接材料的建筑建造中。很明显，材料科学将会改变我们对物质性和物质实体的理解。

设计师需要对新兴材料和工艺做深入了解，并懂得如何查找和积累有关信息。

1 http://news.bbc.co.uk/1/hi/programmes/click_online/9491789.stm（2011年10月3日）。
2 埃瑞克·巴尔德.建筑的"不可打破".2001（6）：52。
3 布兰克·克拉里维科.数字时代的建筑：设计与制造.伦敦：泰勒-弗朗西斯出版社.2003：51。

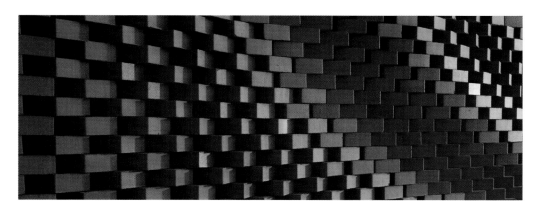

程序墙（Programmed Wall），苏黎世联邦理工学院（ETH Zürich）格兰马兹欧和科勒版权所有。采用数字化制造方法和机器人技术，传统砖材具有了新的设计潜能。机器人依照程序放置了400个砖块，其中每一个在空间中的位置和旋转角度都略有不同。

程序性景观2，苏黎世联邦理工学院格兰马兹欧和科勒版权所有。一般采用减色法来制作混凝土装饰板，这种方法在大规模生产相同部件时十分有效，但小规模生产时很浪费。苏黎世联邦理工学院的学生们尝试了一种更有效的替代方法，他们采用数字机械制造的方法，并利用沙子等颗粒材料，制作出可重新配置或再利用的模具。

连续墙2，苏黎世联邦理工学院格兰马兹欧和科勒版权所有。机器人首先对木板进行切割，然后将单块木板条叠在一起，建造中采用了添加剂数字制造方法。直边木材放置在一起创造出复杂的曲面，并符合功能标准（这座墙体应具有承重、绝缘和防水等功能）。

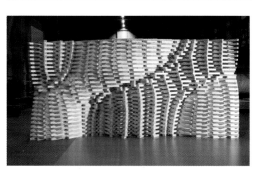

15. 材料的来源和资源

材料库是设计者的重要资源；它们可能是开业工作室（私人收藏）的一部分，也可能属于专业公司或独立协会（半私人或公共收藏）的一种外部资源。在线材料库和数据库目前正变得越来越受欢迎，而商品交易会与展览会也为发现创新新材料提供了极好的机会。

开业设计所的材料库（私人）

在开业工作室中，材料通常保存在材料库中，这些材料形式各异：从按类型放置的成屉和成箱的样品，到可用数据库进行查询的仔细分好类和排列好的收集品。

从制造商那里取得的技术信息和数据是物理材料样品的重要辅助资料，同时也构成材料库的重要部分。其他可以保存在材料库中的关键信息来源包括商务目录和商业期刊，它们涉及了从订做地板到无纺布每一个想得到的产品与材料分类。

设计师可以雇用材料顾问、材料库管理人员或材料研究员来编写特定项目的任务书，或监查材料库的组织情况。

上图
参观者在2011年伦敦百分百设计展上咨询专家。

右图
在实际情况中，样品可以保存在管理库中，也可以随意地放在货架、箱子或者样品桌上。

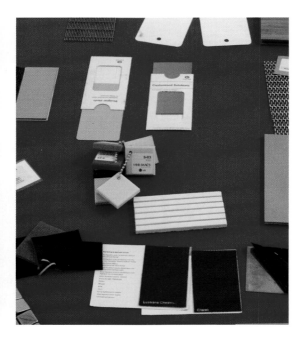

大学/机构的材料库(半私/公共)

一些大学和其他有材料库的公共机构会向设计师开放，尽管也许只是限于会员或校友。

这些机构的材料库通常侧重于特定的内容，例如塑料材料历史、可持续和环保材料、金属或与特定地方或本地人相关的材料。在英国，下列机构均设有较为完善的材料库。

位于伦敦的英国材料、矿物和采矿学会（IoM3：The Institute of Materials，Minerals and Mining）中有一个材料库中心，它对材料知识传递网络（Materials Knowledge Transfer Network）的会员开放（会员免费）。

http：//www.iom3.org（2011年7月4日访问）

伦敦城市大学（London Metropolitan University）的材料与产品库（Materials and Products Library）对大都会工场会员开放，它是一个数字化制造中心和创新产业支持项目（会员免费）。

http：//www.metropolitanworks.org（2011年7月4日访问）

伦敦国王学院（King's College London）的材料库是制造学会（Institute of Making）的一部分，里面的材料与这里所列的其他资源不同，主要是激发灵感的奇妙、创新的前沿材料。

http：//www.instituteofmaking.org.uk（2011年7月4日访问）

显化生态智能材料库（Rematerialise ecosmart materials）是金斯顿大学（Kingston University）的一个可持续材料库。

http：//extranet.kingston.ac.uk/rematerialise/index.htm（2011年11月29日访问）

伯恩茅斯艺术大学学院（The Arts University College，Bournemouth）中的塑料设计博物馆（The Museum of Design in Plastics）。

http：//www.modip.ac.uk （2011年11月29日访问）

美国奥斯丁（Austin）德克萨斯州大学（University of Texas）建筑学院材料库中有25 000多件样品（包括实体档案和电子数据库）。在哈佛大学（Havard University）的设计研究院（Graduate School of Design）、罗得岛州设计学院（Rhode Island School）及肯德艺术与设计学院（Kendall College of Art and Design）的材料研究机构（Material ConneXion）的材料档案库中也有类似的档案。[5]

除了材料库中的材料，还有很多其他资料可用于拓展设计者对材料的理解，并指引他们认识新的材料产品。本页也列出了一些例子。

材料数据库

数据库可以提供大量有关材料的信息。在进行数字化的工作时，能有效解决以上所讨论的分类问题，因为材料可以被附加上与其物质和感官属性及预期应用相关的多个关键词。生产厂家的网页和使用该种材料例子的链接能帮助你快速了解材料的属性和正确的应用。

数据库的主要缺点之一是通过看照片或阅读数据很难对材料进行准确理解。为了理解和做出决定，设计师需要通过自己的手来接触实际物体。因此，在线资源应被视作一种补充性的研究工具，而不是成为替代材料样品的实体库。

拥有主要在线数据库的公司也拥有实体材料库，实体材料库将在世界各地都能访问的虚拟搜索工具，与真实样品所提供的亲身经验结合在一起。

荷兰的一个材料库由一所实体资源中心和一个免费在线数据库构成。可以采用关键词或选择一系列不同属性（包括光泽、纹理和半透明）和原产国进行搜索。

http：//www.materia.nl（2011年7月4日访问）

马特瑞奥在巴黎、安特卫普和巴塞罗那都设有材料库，它未来还计划在布拉格和布拉迪斯拉发增设材料库。它们订阅式的在线数据库马特瑞奥译科拥有4000多家制造商所生产的材料的信息。

http：//www.materio.com (2011年7月4日访问)

MC新材料图书馆（Material ConneXion）在纽约、曼谷、科隆、米兰、大邱（韩国）、伊斯坦布尔、北京均设有材料库。它们的订阅式在线数据库中的材料还在日益增加。

http：//www.materialconnexion.com（2011年7月4日访问）

材料实验室（Material Lab）是位于伦敦的一个材料展厅，专为设计师寻找资料而设立——"它并非一家商店而是工作室"。

http：//www.material-lab.co.uk（2011年7月4日访问）

5 艾莉森·辛盖侯，"课堂上的创新"，http://materialconnexion.com/Home/Matter/ MATTERMagazine/InnovationintheClassroom/tabid/751/Default.aspx（2011年10月26日访问）。

上左图、上右图

巴黎的马特瑞奥（左图）和阿姆斯特丹实体展览馆（右图）。在像这样的资源库中，设计师可以受新材料的启发或为特定项目寻找材料。

下图

伦敦的材料实验室（Materials Lab）。与阿姆斯特丹实体展览馆类似，在这个资源库中设计师可以发现最新的材料趋势和革新，并能向专家寻求意见。

商品交易会、展览、制造商展厅

　　参加商品交易会和展览是在一个地方看到众多不同材料和产品的好机会。制造商常常将这些活动作为推介新产品或宣布产品革新的平台。他们同时还会在展会上设置论坛与技术销售代表进行面对面的交流，这些销售代表对于他们材料的作用和使用方法颇有见地。制造商设置的展厅也很有用处，特别是当你明确了所要寻找的材料类型，或需要尽快获得样品时。

　　国际博览会和展览包括

　　六城设计节（Six Cities Design Festival），英国苏格兰全区（1月）

　　多伦多国际设计节（Toronto International Design Festival），加拿大多伦多（1月）

　　印度设计节（Indian Design Festival），印度普那（2月）

　　米兰家具展（Milan Furniture Fair）和**公共设计节**（Public Design Festival），意大利米兰（4月）

　　创意集市（Design Festa），日本东京（5月）

　　当代国际家具展（ICFF：International Contemporary Furniture Fair），美国纽约（5月）

　　室内家具展（Interzum），德国科隆（5月）

　　居家设计展（DWELL on Design），美国洛杉矶（6月）

　　建筑双年展（Architectural Biennale），意大利威尼斯（6月）

　　伊斯坦布尔设计周（Istanbul Design Weekend），土耳其伊斯坦布尔（6月）

　　DMY国际设计节（DMY International Design Festival），德国柏林（6月）

　　国家设计节（State of Design Festival），澳大利亚墨尔本（7月）

　　悉尼设计节（Sydney Design），澳大利亚悉尼（8月）

　　哥本哈根设计周（Copenhagen Design Week），丹麦哥本哈根（8月）

　　伦敦设计节（London Design Festival），英国伦敦（9月）

　　绿色设计节（Green Design Festival），希腊雅典（9月）

　　国际家具配件展览会（ZOW），土耳其伊斯坦布尔（9月）

　　设计双年展（Experimenta Design），葡萄牙里斯本（9月）

　　世界设计大会（World Design Congress），中国北京（10月）

　　曼谷设计节（Bangkok Design Festival），泰国曼谷（10月）

　　加拿大多伦多照明展（IIDE/Neolon），加拿大多伦多（9月/10月）

　　新加坡设计节（Singapore Design Festival），新加坡（11月）

下左图

　　2010年在伦敦举办的表面设计展览（Surface Design Show）中，材料采购公司（Material Sourcing Company）的展台。

下图

　　2011年伦敦的百分百设计展。展览和商品交易会让设计师有机会看到新产品和新材料，并可以与制造商和供应商进行交流；同时，也可以收集材料样品，以丰富个人或基于实践的材料库。

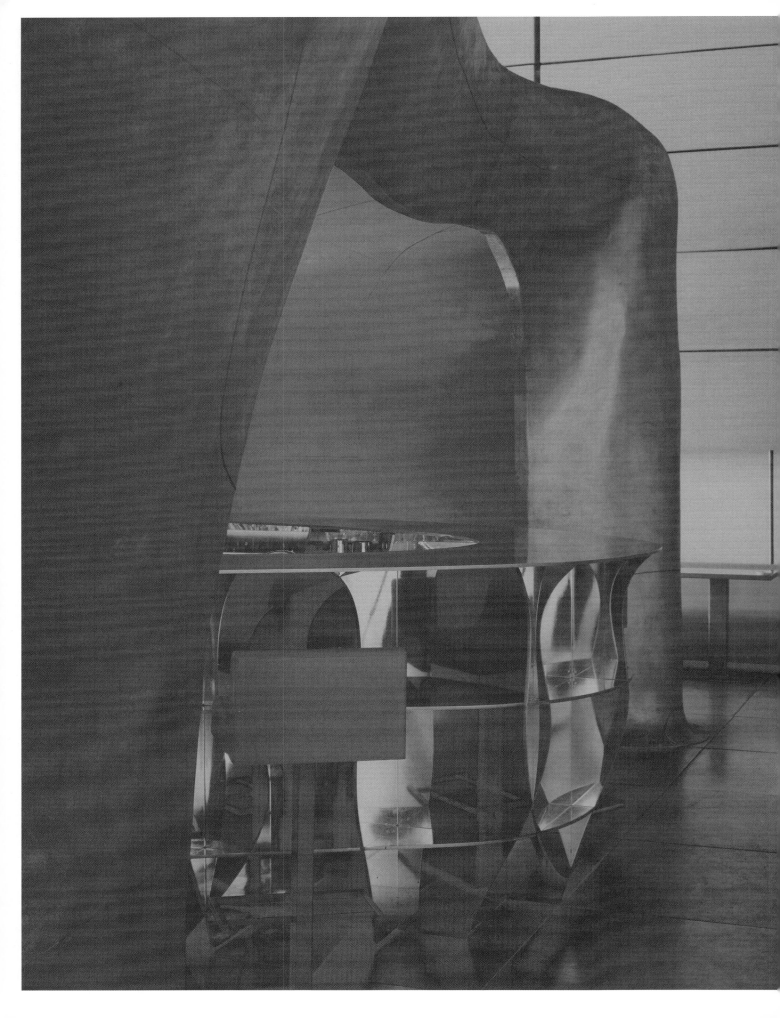

第六部分
案例研究

162 案例1 氛围："北京九号"面馆，设计精神公司

164 案例2 品牌特征：李维斯公司国际项目，跳跃工作室

166 案例3 叙事性：合作室内设计，特蕾西·尼尔斯

168 案例4 图案和表面：装置，格尼拉·克林伯格

170 案例5 塑造空间："软墙＋软块"模块系统，莫洛设计事务所

174 案例6 回应场地的材料：教堂中的临时装置设计理念，亚历克斯·霍尔

176 案例7 可持续展示设计："大气"，探索气候科学，卡森·曼设计团队

178 案例8 材料细节和施工 I：粉红酒吧，杰保伯与麦克法伦事务所

180 案例9 材料细节和施工 II：弗里茨·汉森共和国家具店的楼梯，BDP（概念和设计）和TinTab（细节和施工）

案例1 氛围

"北京九号"面馆，设计精神公司

本质营造空间。

我们从探寻材料的本质出发，去创造一个长久性的空间。

这便是我们作为手工艺者的设计精神。

设计精神公司是一家总部位于东京的室内设计和咨询公司。拉斯维加斯凯撒宫（Caesars Palace）的"北京九号"面馆由设计精神公司的河合优吉（Kawaio Yuhkichi）、与平面设计师陈幼坚（Alan Chan），以及穆斯·德克的照明设计师铃木和彦（Kazuhika Suzukio）合作设计的。

"北京九号"面馆坐落在一个大酒店内，毗邻赌场，餐厅的贴面板材和灯光营造出一种非常独特的瞬息万变的氛围。它是远离喧闹的赌博机和霓虹灯的一片宁静绿洲。

设计精神的室内设计理念是采用扩散

本页图

顺时针从左上图开始：两边都是鱼缸的入口走廊、主要就餐区和旁边的长条形软座区。

在丝状表皮上的灯光来覆盖空间。这种做法的主要目的是脱离墙体、地板和顶棚等常规室内限定元素，来创造一个没有界限的室内空间——一个单一实体。设计采用最少的材料种类和数量，并全部使用一种装饰主题——阿拉伯式花纹图案，形成一个结合紧密的和谐整体。

进入主入口后，顾客们会穿过一个两侧为闪闪发光的封闭式水族箱的廊道，它为从喧闹而咄咄逼人的赌场氛围进到平静、安宁的餐厅室内提供了一个过渡。

设计师将不同尺度的阿拉伯式花纹图案做重复使用：白色固定家具上蚀刻了图案，而在墙面和顶棚上则采用了激光切割的白色粉末涂层钢板，然后采用LED灯照亮，将阿拉伯式花纹图案投射到桌椅和地板上，营造出一个如"柔软的蚕茧般"的室内。所有移动家具采用白色，细部采用不锈钢和铝；内部只使用粉色，给房间染上一层柔和、温暖的绯红，而观赏鱼则发出橙色的光。

室内材料的构成优雅而内敛，设计师已经达到其创造出宁静的空间的目标；这里所营造出的氛围被描述为"如同被一片森林深处或秘密海洋所环抱"。

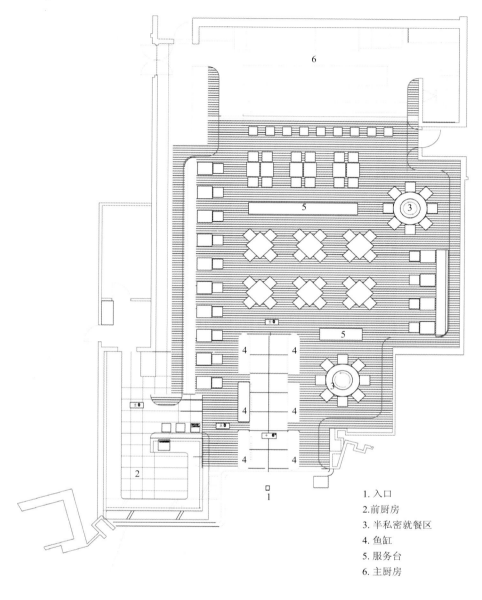

1. 入口
2. 前厨房
3. 半私密就餐区
4. 鱼缸
5. 服务台
6. 主厨房

上图和下图
设计师大量绘制图纸来发展和改进其设计，并与甲方进行交流。

案例2 品牌特征

李维斯公司国际项目，跳跃工作室

跳跃工作室位于伦敦，其目标在于打破创新学科之间的壁垒以进行革新，其创新团队包括设计顾问、建筑师、室内设计师、平面设计师和媒体设计师。

这个设计工作室专门从事建筑、室内设计、品牌咨询和安装/设计等项目的设计，这些项目的设计都基于一个明确的理念——采用"品牌等无形的概念，来创造有形的实体空间"[1]。在进行项目时，事务所遵循"3E"的原则，这几个原则都与考虑和选择材料有关。

- 效率（Efficiency）：规划、程序、预算、资源
- 参与（Engagement）：考虑用户或客户将如何使用空间
- 表达（Expression）：为客户应对或创造一种视觉特征

跳跃工作室为李维斯公司所设计的项目便是优秀的范例，它说明了材料如何被用来加强和表现品牌特征或为客户形象赋予视觉化的表现。设计师设计的每个项目都有所不同，但李维斯的品牌形象都在不同的项目中体现了出来。

左图
李维斯公司，佛罗伦萨时装展。
右图
李维斯LVC精品店，东京。

李维斯佛罗伦萨时装展（Pitti Immagine），佛罗伦萨

跳跃工作室受李维斯公司欧洲分部委托，为佛罗伦萨时装贸易展销会中的佛罗伦萨时装展设计展示空间，这个时装展主要是表现品牌价值的工艺性。这个空间参照了传统的时装工作室格局，在其中"你会发现一张制衣的大工作桌，桌上悬挂的美丽手工制作布块用薄纸包裹着"[2]，跳跃工作室所设计的环境使人们联想到传统的工艺中心时装屋。

时装展的重点是一组古老的木抽屉，上方悬挂着复古牛仔裤，用裁缝所用的薄纸包裹着，同时上部打光，创造出一个由薄纸和定制牛仔构成的"顶棚"表面。新产品都存放在厚重的木抽屉中，在个人需要时才会打开，这个购买的过程如同一种仪式和典礼，并提高了人们对工艺产品的认知。

房间的四周全都覆上镜面材质，从而使实体空间扩大变形，营造出一种同时向前看和向后看的感觉。这个理念说明了"李维斯品牌两个系列——李维斯LVC系列和Red系列的矛盾性。LVC系列专注于公司的传统和历史，而Red系列则是李维斯公司采用新剪裁和工艺面向未来的'实验室'"[3]。

李维斯LVC精品店，东京

跳跃工作室受李维斯公司日本分部委托，设计第一家国际LVC精品店。基地是东京青山区的一处日本工人小屋。

在这个项目中，跳跃工作室从一条旧李维斯牛仔裤中汲取灵感，这条裤子"随着时间的推移，获得其自身独一无二的材料特性"[4]——穿着者的体形、褪色的牛仔布、变薄的面料、破损的边缘等。"材料的内在品质可以经过时间显现出来"的这个设计概念被用在室内，其中所用的材料随着时间的推移具有了自己的光泽和特色：未经处理的木覆层细部采用铜材，清水混凝土地板被磨踏得十分平滑。精致的产品与这些"未装饰的"材料形成鲜明对比，它们犹如珠宝被放在通长高的天鹅绒内衬抽屉中——表明李维斯公司的产品都是具有珍藏价值且令人满意的珍贵商品。

1 http://www.jump-studios.com/#/about-us/what-we-do（2011年7月4日访问）。
2 http://www.jump-studios.com/#/showcase/levis-pittiimmagine（2011年7月4日访问）。
3 http://www.jump-studios.com/#/showcase/levis-pittiimmagine（2011年7月4日访问）。
4 http://www.jump-studios.com/#/showcase/levis-lvc-store（2011年7月4日访问）。

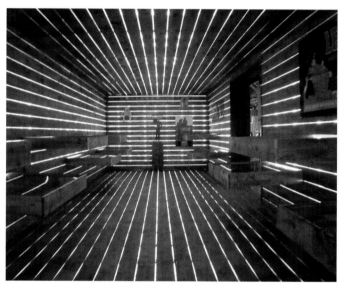

本页图
李维斯公司150周年展，柏林。

1 http://www.jump-studios.com/#/showcase/levis-150
（2011年7月4日访问）。

李维斯公司150周年展，柏林

为了庆祝李维斯公司成立150周年，跳跃工作室受委托设计一个展览，来描述李维·斯特劳斯（Levi Strauss）作为一个从德国到美国的移民的历史，以及这段历程对成功建立李维斯公司的重要意义。

展览设在柏林一个废弃火车站中，这为设计赋予了概念相关性和情感共鸣。设计以铁轨作为时间轴，上面标有"公告牌"，描述了整个故事和李维斯品牌的神话。

李维斯的产品被放在工业化、冷冰冰的荒废火车站中的特制货物列车车厢中，而成品则被故意放在室外，室内采用穿孔背光铜材和精制木材等高抛光材料进行处理，营造出一种神奇和变幻的空间体验。与东京李维斯LVC精品店中的抽屉一样，车厢中的货品陈列都将商品表现为如宝石般珍贵。

在李维斯公司的每一个设计项目中，可以明显看出所选的材料都强化了品牌的特征：表现出遗产、传统、工艺、品质和风格等品牌理念。虽然每个地点的设计表达了不同的理念或叙事性，但支持品牌的价值观依然保持不变，并反映在室内设计之中。[1]

案例3 叙事性

合作室内设计，特蕾西·尼尔斯

左图与右图
与瑞奇瓦勒斯合作设计的"闪店"室内与展示，伦敦，2007年。

伦敦的鞋设计师特蕾西·尼尔斯采用跨学科的方法进行设计，创作出许多合作的创新作品，其中便包括她设计的布朗普顿路（Brompton Road）商店中的各种室内装置。

她的第一家合作完成的"闪店"是她与回收公司瑞奇瓦勒斯共同设计的，刚开业三周。其中采用重新赋予新用途的设计方法：废旧抽屉（瑞奇瓦勒斯提供）原本的用途是隐藏和储存小物品，现在被垂直组装起来，它们的内部外露，在房间的尺度下创造出容纳与围合。这家商店由废弃抽屉所限定，这些"可恢复物品"赋予室内一种无法制造出的材料质感：旧木材、生锈的铰链、磨光的黄铜——这些材料唤起了人们对往事的回忆，并暗示了生命的流逝。抽屉的再利用或"再生"具有一定的象征意义，提供了一种在室内设计中使用材料的可持续性方法。

在这之后，尼尔斯还与当代艺术家尼娜·桑德斯（Nina Saunders）及英国桑德森纺织品公司（Sanderson）进行合作，这次合作是纪念桑德森公司的150周年庆典。

这个室内设计的中心是桑德斯所设计的一把"液态"变形椅及一组由尼尔斯特别设计的鞋子。这两位设计师和艺术家在其装置中使用了再次生产的桑德森复古面料，同时还在其所使用的材料中大玩扭曲和颠覆传统的理念。尼尔斯所设计的鞋子的橡胶鞋底也配上桑德森纺织品，使鞋子各个面都带有图案；而桑德斯所设计的椅子是一件人们认为由固体安全材料构成的家具，但却具有一种令人紧张的分解形态。

桑德森纺织品、无定形椅子和悬吊在"去叶"森林中的鞋子组合在一起，使室内具有一种超现实主义的特征。材料、图案和形态的并置，令客户失去方向感，模糊了现实世界和梦想世界之间的分界——将这个不明确的故事留给观者来完成。

最后，是尼尔斯与伦敦艺术家尼古拉·约曼（Nicola Yeoman）合作完成的2010年伦敦设计节展示的装置。这个装置同样位于布朗普顿路的商店中，所使用的材料能够唤起孩童游戏的自由感和创造力，并通过纽扣、珠子、织物和连接件等现成物品来创造记忆。

这个装置扭曲了透视感，激发空间使用者重访了儿童富有想象力的内心生活，桌底下的世界变成了多样的景观和故事……一切皆有可能。

所有尼尔斯的合作设计装置都表现出材料与材料物品的叙事性，它们不仅讲述其自身的故事，而且留给使用者诠释空间的自由。

左下图

最奇妙（Most Curious），桑德森公司150周年庆典；"闪店"室内与展示，伦敦。

下图与底图

家（Home），2010年伦敦设计节装置；"闪店"室内与展示。

案例4   图案和表面

装置，格尼拉·克林伯格

左图
重复图案，2004年。

右图
视觉分离浴室柜，2010年。

格尼拉·克林伯格是一位在瑞典工作和生活的艺术家。她通过运用材料的表面和图案来创造多彩和极具装饰性的装置。然而，这些装置不仅仅是奇观，而且以吸引人的室内、装置、绘画及平面设计为商业化、地理政治问题和消费主义提供了一种诠释。

其许多作品，格尼拉都将企业标志、日常符号及渗透在我们周边环境中的符号融入，以创造出一种新的意象。新设计参考了印度教和佛教中的东方艺术品及神圣曼陀罗，它们将东方和西方传统、精神和平凡、商业和宗教并置在一起，并同时表达出希望和绝望两种信息：

"我使用的是在日常生活中随处可见的符号。我所用的标识和品牌既不迷人，也非耐克等'重量级'品牌，我们倾向于追随娜欧米·克莱因（Naomi Klein）《拒绝品牌》（No Logo）一书中的观点——这些著名品牌很容易由于其恶劣的生产条件、童工、血汗工厂而被认为是'有害'的事物。"[1]

格尼拉设计时所选择的材料通常是简单的常见材料或物品，但采用一种新的方式加以呈现，例如喜剧事件公司所使用的脚手架和印有标志符号的自粘胶带，视觉分离的橱柜和重复图案公司的丝网印油毡和乙烯纤维。在这些例子中，内容附属于材料的表面处理，图案和装饰应用于材料之上。

格尼拉艺术作品的一个重要方面便是其"日常性"的使用，这反映在材料及图形标志和符号的使用中：

每件作品均建立在日常生活中乏味的设计上，这反过来使得观察者很容易寻找自身在空间中的位置和与空间的联系。[2]

对所熟悉的物体和图像进行重新构思和组合，并了解这些材料和其表面能传达的意义，是室内设计师的一种重要技能：材料可以被用作"饰面"，但这种"饰面"具有实质内容。

1 http://www.gunillaklingberg.com/text.Pernille. html，引用4（2011年11月29日访问）。
2 麦茨·谢恩斯泰特，http://www.gunillaklingberg. com（2011年7月4日访问）。

下左图和底图
　　喜剧事件：脚手架、自粘胶带、高度抛光
金属、壁画，2009年。

下图
　　全新视图，2003年。

案例5　塑造空间

"软墙＋软块"模块系统，莫洛设计事务所

　　莫洛是加拿大温哥华的一家合作设计与制造事务所，斯蒂芬妮·福赛思（Stephanie Forsythe）、托德·麦克·艾伦（Todd Mac Allen）和罗伯特·帕斯特（Robert Pasut）是主要负责人。莫洛事务所致力于研究材料和探索建造空间。作为一家设计和制造公司，它生产出独特而具创新性的产品，并发送给全世界的客户。莫洛设计事务所生产的产品成长于帕斯特和麦克·艾伦对建筑的探索。事务所受到"较小触觉对象在空间物质体验上所具有的真实效能"设计理念的启发，开始创造可以限定临时私密空间的物体。

　　莫洛的产品已经获得了许多国际奖项，并已被包括纽约现代艺术博物馆（Museum of Modern Art in New York）在内的世界各地博物馆和画廊收藏。"软墙+软块"项目便是莫洛"软"系列产品中主要的一个模块化空间塑造系统。"软"系列产品利用可以延伸、收缩、弯曲的弹性蜂窝状结构，来形成雕塑性空间和基座地形，它是以研究为主，对材料、结构和空间塑造所进行的一种探索。"软"系列产品的构件经过设计，可以针对特定的场合或空间产生独特的形态，可以折叠起来进行保存和/或以多变动态的方式再次进行重塑，从而替代原来固定的物体，对空间进行分割和安排。

　　"软墙+软块"系统由纺织品和牛皮纸制成，其有触感、体验性的品质适用于在较大的开放空间中塑造临时性亲密区。"软墙+软块"还能进一步作为塑造声光空间的媒介。延展墙都是蜂窝状结构和垂直褶皱，有助于吸声，同时半透明或不透明的"软墙+软块"还可以勾勒出空间中的光感。

　　莫洛设计事务所将自己设计的LED可变照明新系统与现有的"软墙+软块"模块系统相结合，把这些构件转化成完全灵活多变的独立式发光隔断。这种"软墙+软块"的发光板强调了半透明白色纺织纤维所具有的精美视觉性，并使这些独立式软质结构所产生的伸、缩和流动变化更加神奇。现在，内置在"软墙+软块"流动层中微微发光的光构件系统可以赋予昏暗而多变的环境另一种氛围和表现力：使空间沉浸在黄昏和夜晚朦

"软墙+软块"的纺织系统由聚乙烯无纺布制成（品名：Tyvek®）。这种材料可完全回收，它由5%~15%的回收品制成。这些轻质纸是抗撕、防紫外线和防水的，这些特性使其十分耐用和易于维护。

灵活多变的独立式隔断系统可以扩展和收缩，在较大的开放区域中塑造出私密空间。蜂窝结构可以吸音，同时根据所采用的不透明或半透明系统，以不同方式勾勒出了空间的光感。

另一种结合LED照明的"软墙+软块"系统版本，可以将白色的纺织体变成令人惊叹光源。系统的发光板特别强调纺织纤维精美的视觉性。

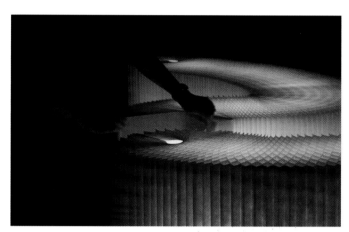

"软墙+软块"模块系统的分析图

1. 磁性侧板（打开变平，与另一个构件相连接，或压紧软墙做存储之用）
2. 磁性侧板（纵向折叠，在墙末端创造出一个稳定的结构）
3. 穿过蜂窝体的圆孔（用作挂在墙钩和LED灯带上的手柄）
4. 蜂窝结构开敞单元细部
5. 垂直片（褶皱）
6. 不锈钢墙钩（用于存储）

胧的阴影中。作为光源，"软墙+软块"通过使用软墙、软质座椅和柔和的灯光，为塑造纯净、整齐的雕塑性环境提供了可能性。

打开软墙的过程极具戏剧性，随着蜂窝体不断扩大，可以创造出一个完全独立的结构，其体积大于压缩前形态的数百倍。你可以选择将任何的"软墙或软块"构件打开，最长可达4.5米，或选择短一些的构件来适应特定的场合或空间。"软墙+软块"模块系统包括各种标准和自定义高度，最高可达3.05米。

这个系统的所有构件都采用两种材料：纺织品和牛皮纸。前者是一种100%聚乙烯无纺布，它在外观和手感上都类似于轻质纸。这种材料具抗撕、防紫外线和防水性，因此易于操作和维护。"软墙+软块"系统可以采用半透明的白色和不透明的黑色。透过白色织物软墙构件的光线使视觉精美的纤维材质更具活力，让它们如同雪块一样吸收和包含着光度。不透明的黑色软墙被染上深漆黑的防紫外线竹炭墨水，它所产生的微妙光泽让人联想到炭化木材，并显示出纤维精细的图案。

第二种材料牛皮纸则是用50%的回收纤维和50%的新型长纤维制成的本色纸。新型长纤维可以增加较小的回收纤维的强度，使其成为一种坚固的硬纸。由牛皮纸材料制成的"软墙+软块"构件都是不透明的，其未漂白的天然棕色具有温暖、朴实之感，同时，其另外一种深黑色则是采用竹炭墨水印染而成的。

装配

"软墙+软块"模块系统中的所有构件都采用隐形磁铁，并以几乎无缝的方式相互连接，构件之间的垂直缝与竖向褶皱结构的规律相协调。磁性侧板同时也可以固定到任何钢面或磁面上。白色粉末涂层钢带可从莫洛设计事务所购买，它能在墙面、栏杆或橱柜上形成固定点。

"软"系列产品将抽象的诗意、雕塑的形态和实用的功能结合在一起，创造出适合现代多样化生活的空间。

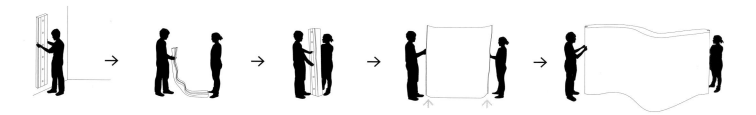

上图

　　这种软墙便于两人进行组装。首先将折叠墙从其墙面存储单元中取出。同时，继续通过圆孔托住反向侧板，轻轻地将其末端从地面提起，打开软墙（减少摩擦），然后从一端慢慢移开，直到墙体拉开约3米。

下图

　　软块可以以水平层向上堆到想要的高度。竖起第一层软块，将体块首尾相连，纵向折叠磁性侧板增强其稳定性。然后便能在开始配置下一层软块之前将侧板排列成想要的形态。

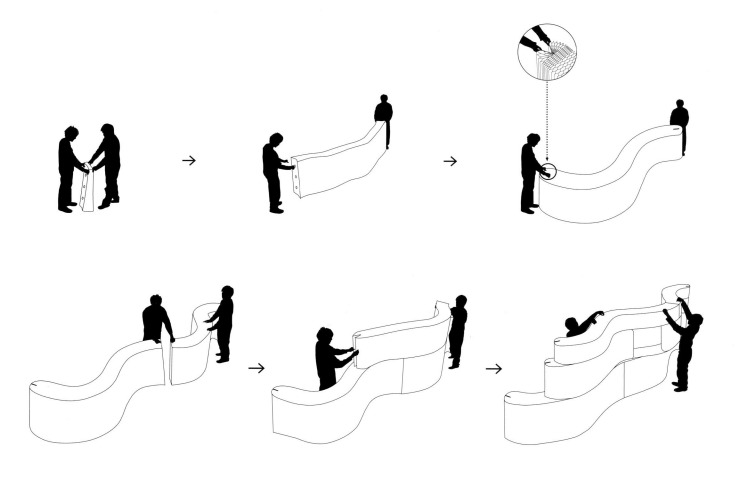

案例6 回应场地的材料

教堂中的临时装置设计理念，亚历克斯·霍尔

亚历克斯·霍尔是一位艺术家和舞台设计师。下面的《设计杂志》介绍了她对现场的调研和对场地的应对——场地非主流的解读、历史和叙述，以及最终她所选择的材料。

场景化

"我对这座建筑的外观的第一印象是其雄伟但并不宜人的外立面，它只是保护居住者免受苏格兰恶劣天气的空壳。从外部看室内，显得黑暗而空旷。

"当进入这栋建筑时，我最初的印象是这是一个潮湿而寒冷的空间，其中散发着潮湿和腐烂的泥土气息，冷风无处不在，燕子的鸣叫声不断，还在房椽上飞来飞去，明亮的光线从窗户不断照射进昏暗的室内空间。看着小组其他人像手持相机的游客一样排队进入大门，我的思绪又回到了过去，想象其他人曾汇集在门口，再沿着中央通道走到教堂的长凳旁（现在都已不复存在，但这种景象一定曾经存在过）。我想象着在这里吟唱圣歌和聆听布道，以及教堂成为天气恶劣的海边渔村艰苦生活中的一处

庇护所的情景。我像以前的社群居民一样进入这个空间中。"

视觉刺激

"这座建筑有好几处视觉外观都深深地触动了我。首先是走廊/阳台的结构，显示出这里曾经有过侧廊，于是我的想象中又增添了人们穿过空间的路线。窗户的设计同时也反映出一种汇集效应。

"总地来说，我第一次来到这里的感觉是，这座建筑是一座安静的庇护所。内部是黑暗的空间，置身其中你会被从窗户透进的光线所吸引。建筑的坚实与室内的脆弱和衰败形成了鲜明的对比。"

场所

"社区与大海的历史关联性在我的设计理念发展中起着重要的作用。在19世纪和20世纪间，渔民的生活非常艰苦，他们不断地与自然环境（大海、风雨、礁石等）抗争，其工作性质一定意味着他们每天过着安全无法保障的生活。我从阿马比尔网站阅读和聆听口述

左图
建造装置。

中图和右图
具有启发性的照片：当地渔民、渔网和教堂的窗户。

左上图
滨水区启发性的照片。

左下图
项目的合成视觉图。

右图
玻璃幕帘细部。

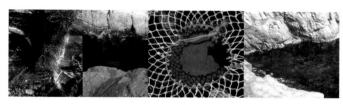

历史，其中强调了渔民生活与大海及鲱鱼渔业关系的重要性。[1]巴歇拉尔在《空间的诗性》（The Poetics of Space）一书中曾这样说道：'家已不再年轻……我们不仅仅回到了这里，同时也梦想着回到这里，就像一只鸟返回巢穴、羊羔回到羊圈一样。'[2] 以上这段引用的话充分概括了我的想象，渔民从大海返回渔村、家中、教堂，以及在隐喻含义上的感知空间。

"除此之外，我还对场地以外的环境进行了察看，并沿着海岸步行至下一个渔村莱森恩威尔。视觉主题不断重复：大海穿过岩石在岩石上形成深槽，河流冲击石块向外跃出——一种移动感和'汇集'感。到处都是海水、海藻，天空呈铁青色、琥珀褐色、浅蓝色，我开始思考这些特质与建筑和我所选择的材料——玻璃之间的关系。

"自然环境的色彩及它与曾使用教堂的社区之间的直接联系，使我开始尝试采用玻璃这种材料来取得水状的效果，其中包括许多玻璃小块所产生的动态和光线，它们串联在一起形成了一个

幕帘。有一段时间我都想尝试创造一个由玻璃组合的幕帘，试图建造一面光和色的墙体。我最初是尝试采用透明玻璃，主要关注将玻璃串在一起的方法。

"在这个期间我遇到了村里一位退休的渔夫，他同意教我织网。同时在利布斯特的海滨博物馆（Waterfront Museum）中，我注意到所展示的一张渔网，在这些利布斯特的老照片中，到处都将渔网挂起晒干。如今在港口，这些渔网依然无处不在，不过大部分已经做成了诱捕龙虾的笼子。我选择将渔网与玻璃相结合，使玻璃悬挂起来，同时使渔网看起来好像挂在海水之中。"

最终理念
"最后的方案是在教堂中从废弃的旧建筑改造为新艺术中心的过渡区域，放置一个临时的步行装置。这个装置将使用玻璃幕帘，将空间分成许多通道。试图将其打造为一个囊括大海、海鸟、海浪等外部环境声音景观的临时装置。房间两侧的长凳上有内置耳机，当游客停留在空间中不同的位置时，可以听到

渔村中老居民讲述村庄生活。

"玻璃幕帘的颜色会随着游客在空间的移动而发生变化，玻璃随着时间的推移反映出不断变化的光线，所以在每天的不同时间都会有不同的地方被照亮。

"此外，在入口门廊旁会设有一个口述故事的小隔间，在这里人们可以记录下他们的记忆和故事，同时也鼓励人们将卷起的便条放进玻璃网幕布中，便条上可以写上人们希望在未来如何使用空间的想法。"

——亚历克斯·霍尔，2011年

1　http://www.ambaile.org.uk（2011年7月4日访问）。
2　加斯东·巴歇拉尔著，空间的诗性，波士顿：贝肯出版社，1994：99。

案例7 可持续展示设计

"大气"，探索气候科学，科学博物馆，卡森·曼设计团队

展示设计已经成为室内设计中一个非常具有影响力的门类和专业分支。展示设计大约始于文艺复兴时期的"藏珍阁"和全球范围内类似"藏珍阁"的事物，现在它受到管理学和博物馆学领域、产品设计、材料科学和技术革新发展等的影响，已经成为一种复杂的空间设计类别。展示不再只是简单地"容纳"收集的物品，它也可以是动态、互动的空间，展示教育与娱乐、信息与奇观。展示设计可以在一个房间或一系列的房间中，但也可以占用大得多的空间，比如在威尼斯双年展等世界博览会、展览会和活动中出现的"装置"。

卡森·曼设计团队以其独具特色的室内设计，特别是博物馆和展厅的设计而声名远播。当为2010年伦敦科学博物馆设计"大气：探讨气候科学"的展览时，他们特别关注材料的选用，选择的

材料不仅满足功能和美学的需求，而且还特别选用具有可持续性的材料，以将对环境的影响降到最小。

展览的实体结构被认为会对整体工程产生约40%的永久气候变化影响，估计其中只有一小部分来自材料排放的气体。但是，材料的选择为支持新兴的低碳施工技术和实际的碳排放管理可视化证明（对参观者）提供了可能性。

考虑用在地板、墙壁、顶棚和桌面展示的一些生态材料包括胶合板、定向刨花板（OSB）或刨花板、生态板、亚克力/塑胶板、可丽耐铺面产品、福米卡家具塑料贴面、聚苯乙烯预制砌块、玻璃纤维、蜂窝瓦楞纸板和可重复使用的脚手架。这些材料将从功能、成本和更广的环保认证和内在的碳排放这几个方面进行评估。

经过考虑之后，由回收的混合塑料

上图

展示装置的主要构件采用连续的FSB折叠胶合板构成。

废物制成的生态板作为一种有趣的新材料脱颖而出。设计团队认为，在可能的情况下使用这种新材料十分重要，所以最后决定在小范围展区中进行使用，这种展示可以成为对可持续技术的一种实际说明，并能对其长期的功能性进行测试。

对于"地壳构造板块"的展示，其看起来像是一块连续的折叠板材，这种材料为所有的展品提供主要支撑。虽然在设计发展过程中，生态板得到了很大的关注，但同时FSB胶合板也成为安全的选择，从这种材料较长的制造技术历史和耐久性方面来看，它能确保结构一直保持至展厅的整个使用期。在克莱顿碳检测中心提交给卡森·曼设计团队的材

左图和右图
由精美面料构成的顶棚有着等压线的纹理。

料中，胶合板及软木的评价也很好，可以取得每单位二氧化碳值的低排放量。因此，胶合板及软木也被用来建造起伏的形态和相关结构。这些材料表面被涂上牢固的聚酯漆——这种坚固的表面也可加上颜色，并用作投影表面。

在其他展览区，木材由于其自然、温暖、触觉的特质也成为一种受欢迎的材料。由专业木材承包商伊欧班提供的杉木为指定材料，这是因为它出自一种经过良好管理的速生木材，具有特别好的信誉保障。伊欧班也倾向与英国当地合成锯木制造厂进行合作。伊欧班板是一种直交层合材，并采用无甲醛胶水进行胶黏。

选择合适的材料可以产生出既"符合"规范，又具有视觉冲击力的室内。选择的色彩创造出一个和谐的紫—蓝—绿色背景，之间所掺杂的互补色黄色和橙色则是用来表示信息点和交互点。明亮、精致的织物面料构成室内顶棚，它按照等压线的纹理，覆盖在室内空间上方。

案例8 材料细节和施工 I

粉红酒吧，杰保伯与麦克法伦事务所

杰保伯与麦克法伦事务所使用数字技术，设计了位于巴黎蓬皮杜艺术中心顶层的乔治餐厅（Georges Restaurant）和之后在其中增建的粉红酒吧。

由理查德·罗杰斯（Richard Rogers）和伦佐·皮亚诺（Renzo Piano）设计的主体建筑采用高技派风格，按照一个800毫米的结构网格进行组织，这个结构网格也被用来设置顶棚、楼板和设施。内部设施暴露在外，并用彩色标出：黄色是供电设施，蓝色是供气设施，而绿色则是供水设施。

杰保伯与麦克法伦事务所无法改变原有建筑，只能将新结构与楼板（不是墙体或顶棚）相连接。其目的在于创造出一个具有鲜明特色的嵌入物，它同时也概念性地反映出场地的特征。项目的总建筑面积为30平方米。

他们的设计方法是利用原建筑的网格来产生形体，这些形体似乎是从网格楼板中出现，但之后"破裂"成为变形形态。

这个嵌入体由一家造船公司制造，设计者将应用于游艇和船舶建造的技术在此进行转化应用。其中的硬壳结构用4毫米厚的铝板搭建，这些铝板同样可以用作地板和有机形态的覆层/结构。铝表面刷上吸光和反光涂料。新嵌入结构的内表面排列有颜色鲜艳的薄橡胶片。

粉红酒吧被建在一个为餐厅打造的原有的硬壳结构中。酒吧形态也遵循原来餐厅相同的网格，而不是将网格变形来创造表面体量。杰保伯与麦克法伦事务所从400立方毫米的三维矩阵（在蓬皮杜艺术中心原建筑网格上进行细划分）中"雕刻"出一个合成体。这个矩阵在10毫米厚的铝板上使用激光切割技术进行建造。

粉红酒吧的立方体家具同样也是由杰保伯与麦克法伦事务所设计的，由卡佩利尼制造。依古姿妮照明公司负责照明设计。

左图和右图
酒吧设在餐厅一个原有的铝硬壳结构中。

上图

酒吧区的局部平面图。

中图

酒吧硬壳结构剖面。

下左图

粉红酒吧在场外的部分采用10毫米厚的激光切割铝板进行建造（在这张图片中，铝板用一层塑料加以保护）。概念"网格"或矩阵（与蓬皮杜艺术中心建筑结构网格相关）清晰可见。

下右图

为乔治餐厅设计的有机形态，由一家造船公司建造。这张图片表现了正在组装过程中的铝硬壳结构（金属肋拱和4毫米厚的铝板）。

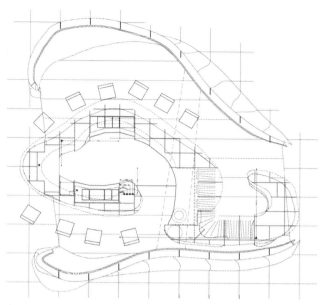

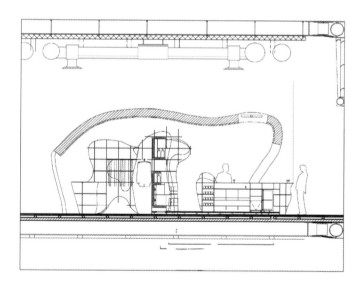

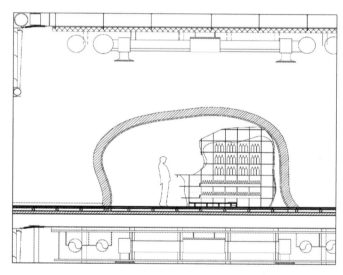

案例9 材料细节和施工Ⅱ

弗里茨·汉森共和国家具店的楼梯，
BDP（概念和设计）和TinTab（细节和施工）

最初的场地有两层高，这不仅需要连接上下两个楼层的空间，而且还要增强它们之间的采光、视线和连通性。创造开口和楼梯设计主要都是根据这些因素进行考虑。

设计师进行了一系列的研究，为了使开口最大化，并创造出看起来飘浮在空中的结构，最终确定了其最佳位置和几何形态。在这一过程中设计师与客户进行了协商，同时还使用了简单的三维表示图。

楼梯设计最初的灵感来自阿纳·雅各布森的系列产品（他曾设计过弗里茨·汉森共和国家具品牌

上图和下图

炉瓷釉的主体框架和支柱具有强度感，而玻璃栏杆则营造出一种轻盈的感觉。

上图　　　　　　**下图**
施工中的楼梯。　　详细施工图和剖面。

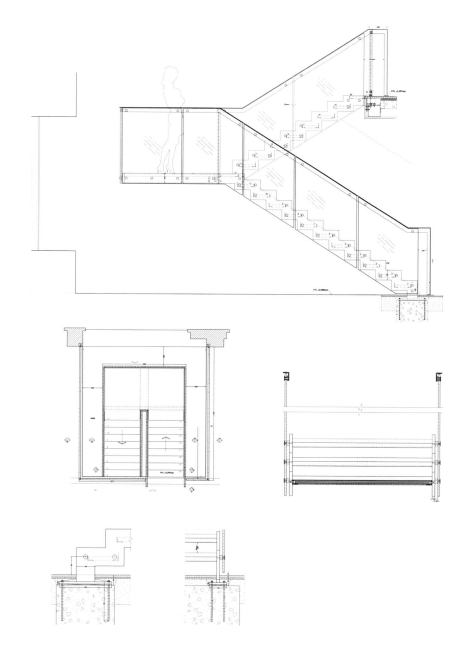

的一些标志性产品），特别是于1978年竣工的丹麦国家银行（Danmarks Nationalbank），设计师同时还期望楼梯能带有原建筑坚固耐用的工业感。

所选择的材料不仅要反映出以上这些要求，同时还要满足预算。炉瓷釉的主体框架和支柱具有较强的审美性，而台阶式的斜梁参照了雅各布森的产品。结构性玻璃栏杆营造出一种轻盈的感觉，上面覆有简洁的角钢扶手。玻璃附件采用青铜表面，创造出与普通表面材料颜色间的微妙联系。主要阶梯踏面采用橡木贴面的厚复合地板，增添了自然气息，同时也将上、下两层的表面材料相连接。

需要特别注意的是出挑的楼梯平台，这里可以进行社交聚合，也可以是潜在的展示区。这对结构产生一些新的要求，设计必须采用一种Z形钢产品，它可以增强结构性能，使设计剖面保持理想的尺寸。

文字由BDP室内设计总监斯蒂芬·安德森（Stephen Anderson）提供。

结语

同艺术家一样，设计师也有一整套的选配材料进行组合和构建，来创造表面和形态、表现理念、表达特征、吸引感官，并引发受众或用户（身体、情感或智力上的）的回应。但设计师又与大部分艺术家不同（也有例外），他们还必须考虑材料在功能上的应用，并满足顾客的需求，且居住者的生活也会受到这些选择的影响，例如医院的工作人员和病人、博物馆的馆长和访客、学校的教师和学生、演员和观众、零售商和消费者、住宅居民等。

设计师所面临的机遇和其所使用的材料多种多样，而所担负的责任也相当重大。在本书的开始，我们指出了设计者必须能评价材料的美学和功能特性，并同时保持一种具道德性、调查性和创新性的设计方法，设计师对这些注意事项的态度将决定着他们的下一步行动。

道德规范　设计师的道德定位会影响他们对材料的许多选择，而这些选择又最终会对人类、动物和环境的健康产生影响。一种有责任心的态度将有助于提高（材料供应商、制造商、建造工人和用户）的健康和安全，以及资源的可持续性和多样性。

调查的态度　设计师采用调查和探寻的态度收集信息，记录他们对自然和人造世界的观察。他们将（在其自身学科领域内外）对历史和当代设计实践进行探究；他们会收集样品、提出问题、质疑答案，并最终增加自己的知识和加强对材料的理解。

创新的态度　设计师拥有知识和理解力，可以体验材料，诠释其他学科的实践，并测试应用、并置和组装材料的多样性的替代方法。这种态度便是一种创新和进步。

采用积极的态度　会使设计师的行为具有严密性和完整性——这些行为可以提升幸福感，所营造的室内为在美学、技术和功能等方面的材料运用提供典范和启发。

上图

斯坦顿·威廉姆斯事务所在其设计的伦敦三宅一生（Issey Miyake）专卖店中（1988年），创造出一个耐久性的室内空间。低调的材料选配包括橡木、喷砂亚光不锈钢、粉末涂层不锈钢、玻璃、底灰和石灰，这些材料选择组合在一起创造出与展示服装互补的空间环境。建筑师们表达出材料的质感和界面，并清晰表达出连接处和节点、固定件和紧固件。请注意其中所使用的反面细节、阴影空隙，以及材料彼此环绕的方式。

下图

二十多年以后，斯坦顿·威廉姆斯于2011年完成了位于伦敦国王十字区（King's Cross）的中央圣马丁斯艺术学院（Central Saint Martins College of Art）新校区的设计。这个设计将一座19世纪的谷仓历史建筑和货栈与一座200米长的新建筑相结合。在历史建筑中，木结构和工业滑门等原有材料和部件得以保存下来——以前居住者的痕迹清晰可见，这使人们可以在其中"阅读"建筑的历史。而新建部分受到限制并进行组合，与原有材料形成一种微妙的对比；材料界面和新设施得到清晰表达——这是一种在原建筑中用材的实在方法。

词汇表

聚合（艺术领域）：既得物结合在一起创建的二维或三维的组合物。

BREEAM：英国的建筑研究机构，将环境评估法作为可持续建筑设计、施工、实际操作及衡量建筑环保性能的最佳标准。

仿生学：将来自大自然的灵感与发现应用于设计中的过程。

致癌的：任何致癌物质的统称。

明暗对比：光线和阴影的分布或绘画或绘图中非常明显的明暗对比。

和弦：一组音符的同时发声，通常是三个或三个以上的音。

拼贴（艺术领域）：由元素（纸张、文字、既有的图像、照片等）组合创建出一个新整体的作品。

色彩（艺术领域）：术语，指色相（红、蓝、绿等）不同于其他正式元素，如色调、图案、形状和线条。

复合材料：术语，用来描述复合而成的，或由两种或多种元素构成的天然存在的材料。

构图（视觉艺术领域）：对元素间的比例关系进行布局。

CAD（计算机辅助设计）：用于创建和体现或设计文件的技术。

CAM（计算机辅助制造）：控制机器或机器人制造物品（和CAD有关）。

CNC（计算机数控）：机械自动化，与CAD和CAM系统有关，用于制造物品。

对位（音乐领域）：两个或两个以上的旋律或片段同时演奏，但构成和声的部分节奏和结构可能不同。

二色性的：术语，用来描述在玻璃分色光学性质，指玻璃可呈现一组色彩的变化。

不和谐（音乐领域）：缺乏和声或有不和谐音（不协调的音）。

有延展性的：用于具有可塑性的材料，指拉力的可塑性。

耐用的：抗磨损、老化，历久不衰。

高效节能：指长期使用、资源消耗少的物品，目的是减缓资源的枯竭和污染性的化学物质的排放。

经验主义的：知识来自观察、实验或经历，而不是理论。

布料（建筑设计）：用于建筑中的衣服和纺织品。

易碎的：容易折断，脆弱、细腻或易碎。

干预（建筑设计领域）：插入或改变到现有的地方或空间进行。

色彩斑斓的：当观看角度或照明角度改变时，物体表面颜色发生改变的特质。

诱导有机体突变的：可能会改变遗传基因，造成基因突变（包括癌症）。

客观的：基于客观事实，不受个人偏见或他人看法的影响，是主观的反义词。

视觉温和主义：视觉比其他感官享有优待。

不透明性：物体允许光通过的程度。一个不透明的物体不透光。

主色调（视觉艺术和建筑设计领域）：创建艺术品或空间时，颜色、材料、质地的选择。

不完全草图：将总体概念展现在单一、抽象的图画中。

聚合物：通过分子的联系形成的合成高分子材料，一系列单体形成具有重复单元结构的分子，如塑料、橡胶等。

本体感受：自身对于空间中位置关系的感知。

现成的（或实物艺术）：现有日常物品的重新定位或重新设定（不是以前被认为的艺术）。

有弹性的：不容易变形，一定程度的弯曲、拉伸、挤压后能回到原来的形状。

感官的：与感觉有关的，通过一种或多种感官获得的体验。

合成的：人工合成的，而不是天然存在的。

色调（视觉艺术领域）：明暗的层次。

短暂的：持续时间很短或暂时的，如一段经历、一个主意或一个图像。

半透明：材料透光的程度，光散射的程度。

透明：材料透光的特性，虽然是透明的，但此种材料可被着色。

深入阅读

Abercrombie, S., A Philosophy of Interior Design, Harper and Row, New York, 1990

Anderson, J., Shiers, D., and Sinclair, M., The Green Guide to Specification, third edition, Wiley-Blackwell, Oxford, 2002

Ashby, M., and Johnson, K., Materials and Design: The Art and Science of Material Selection in Product Design, Butterworth-Heinemann, Oxford, 2010

Ballard Bell, V., Materials for Architectural Design, Laurence King, London, 2006

Aynsley, J., Breward, C., and Kwint, M., eds, Material Memories: Design and Evocation, Berg, Oxford, 1999

Baard, E., 'Unbreakable' in Architecture, June 2001

Berge, B., The Ecology of Building Materials, Architectural Press, Oxford, 2009

Beylerian, G., and Dent, A., Material Connexion, Thames & Hudson, London, 2005

Beylerian, G., and Dent, A., Ultra Materials: How Materials Innovation is Changing the World, first edition, Thames & Hudson, London, 2007

Beylerian, G., Material Strategies: Innovative Applications in Architecture, Princeton Architectural Press, New York, 2012

Braungart, M., and McDonough, W., Cradle to Cradle: Remaking the way we make things, Vintage, London, 2009

Brooker, G., and Stone, S., Re-readings: Interior Architecture and the Design Principles of Remodelling Existing Buildings, RIBA Publishing, London, 2004

Brooker, G., and Stone, S., Form and Structure, AVA, Lausanne, 2007

Brownell, B., ed., Transmaterial: A Catalog of Materials that Redefine our Physical Environment, Princeton Architectural Press, New York, 2006

Brownell, B., ed., Transmaterial 2: A Catalog of Materials that Redefine our Physical Environment, Princeton Architectural Press, New York, 2008

Evans, R., Translations from Drawing to Building and Other Essays, Architectural Association, London, 1997

Farrelly, L., Representational Techniques, AVA, Lausanne, 2008

Fiell, C. and Fiell, P., eds, Designing the 21st Century, Taschen, Cologne, 2005

Garcia, M., Patterns of Architecture, Architectural Design, vol 79, no 6, John Wiley & Sons, London, 2009

Gibson J., The Senses Considered as Perceptual Systems, Houghton Mifflin, Boston, 1996

Halliday, S., Green Guide to the Architect's Job Book, second edition, RIBA Publishing, London, 2007

Holl, S., Questions of Perception: Phenomenology of Architecture, a + u Publishing, Tokyo, 1994

Hornung, D., Colour: A Workshop for Artists and Designers, Laurence King, London, 2005

Hudson, J., Process: 50 Product Designs from Concept to Manufacture, Laurence King, London, 2008

Iwamoto, L., Digital Fabrications: Architectural and Material Techniques, Princeton Architectural Press, New York, 2009

Itten, J., The Elements of Color: A Treatise on the Color System of Johannes Itten Based on his Book The Art of Color, John Wiley & Sons, 1970

Kawashima, K., Art Textiles of the World: Japan, Telos, Brighton, 1997

Kolarevic, B., Architecture in the Digital Age: Design and Manufacturing, Taylor & Francis, London, 2005

Kolarevic, B., Manufacturing Material Effects: Rethinking Design and Making in Architecture, Routledge, London, 2008

Lawson, B., How Designers Think, fourth edition, Architectural Press, Oxord, 2009

Lefteri, C., Materials for Inspirational Design, Rotovision, Brighton, 2006

Littlefield, D., and Lewis, S., Architectural Voices: Listening to Old Buildings, John Wiley & Sons, Chichester, 2007

Massey, A., Interior Design Since 1900, Thames & Hudson, London, 2008

Meerwein, G., Rodeck, B., and Mahnke, F. H., Color: Communication in Architectural Space, Birkhäuser, Basel, 2007

Pallasmaa, J., The Eyes of the Skin: Architecture and the Senses, John Wiley & Sons, Chichester, 2005

Pallasmaa, J., The Thinking Hand, John Wiley & Sons, Chichester, 2009

Pile, J., A History of Interior Design, Laurence King, London, 2000

Quinn, B., The Fashion of Architecture, Berg, Oxford, 2003

Ritter, A., Smart Materials in Architecture, Interior Architecture and Design: Types, Products, Architecture, Birkhäuser, Basel, 2006

Schröpfer, T., Material Design: Informing Architecture by Materiality, Birkhäuser, Basel, 2010

Scott, F., On Altering Architecture, Routledge, London and New York, 2008

Spankie, R., Drawing out the Interior, AVA, Lausanne, 2009

Sparke, P., The Modern Interior, Reaktion, London, 2008

Taylor, M., and Preston, J., eds, Intimus: Interior Design Theory Reader, John Wiley & Sons, Chichester, 2006

The Building Regulations 2000: Materials and Workmanship, Approved Document to Support Regulation 7, Stationery Office, London, 2006

Thomas, K. L., Material Matters: Architecture and Material Practice, Taylor & Francis, London and New York, 2009

Thompson, R., Manufacturing Processes for Design Professionals, Thames & Hudson, London, 2007

Ursprung, P., ed., Herzog & de Meuron, Natural History, Canadian Centre for Architecture and Lars Müller Publishers, Zurich, 2002

Zumthor, P., Atmospheres, Birkhäuser, Basel, 2006

相关网站

Azom, The A to Z of Materials
www.azom.com

Connect, Materials Knowledge Transfer Network
https://connect.innovateuk.org/web/materialsktn

Design Museum
www.designmuseum.org

Designboom
www.designboom.com

Design inSite
www.designinsite.dk

dezeen
www.dezeen.com

Forest Stewardship Council
www.fsc.org

Frame, Mark and Elephant (online journals)
www.frameweb.com

Institute of Making, King's College London's
Materials Library
http://www.instituteofmaking.org.uk/

Materia
http://www.materia.nl/

Material ConneXion
http://www.materialconnexion.com

Material Lab
http://www.material-lab.co.uk

MatériO
http://www.materio.com/

Metropolitan Works, London Metropolitan University's
Materials and Products Library
http://www.metropolitanworks.org

Tate
www.tate.org.uk

The Institute of Materials, Minerals and Mining (IoM3)
http://www.iom3.org

Transstudio
www.transstudio.com

Rematerialise, Eco Smart Materials
www.rematerialise.org

索引

Page references in italics refer to captions

A
Abbotts Ann Primary School, Hampshire, UK
  (Hampshire County Architects) 67
Achramowicz, Radek (Puff-Buff Design) 145
Aesop skincare shop, Paris (March Studios)
  82
Algues (Studio Bouroullec for Vitra) 7, 14
aluminium 19, 23, 146, 147, 178, 179
'Ambient Gem' exhibition installation
  (2008), Basel, Switzerland (Veech Media
  Architecture) 56
analysing materials
  assembly 44, 45, 54, 172, 173
  fixings and fastenings 44, 45, 54, 99, 100,
  102–3
  joints and junctions 54, 102–3
  on site 32, 36–9, 93, 102–5, 118–19, 124
  see also detailing; properties of materials
animal products 19, 152
Arad, Ron 86
art as an influence 61, 70, 72, 77, 80, 86, 115
Art Deco 18–19, 21
Art Nouveau 17
Art Wood 148
Arts and Crafts Movement 16, 17
Aspex Gallery, Portsmouth, UK (Glen
  Howells Architects) 36–7, 102–3
atmosphere, creating 9, 31, 60, 66, 68, 88,
  162–3

'Atmosphere: Exploring Climate Science'
  exhibition, Science Museum, London
  (Casson Mann) 176–7
Aura identity designs (Dalziel and Pow
  Design Consultants) 31

B
Bakelite 19, 24, 144
bamboo 148
Barcelona Pavilion (Mies van der Rohe) 20
Bates, Michael 113
Bauhaus 19
Baumschlager and Eberle 70
BDP 40, 58, 67, 180–1
Beardsley, Aubrey 17
beech 148
Beer Can House, Houston, Texas, USA
  (Milkovisch) 86
Beijing Noodle Bar, Las Vegas, Nevada, USA
  (Design Spirits) 162–3
Belford, Trish (Tactility Factory) 8, 46
Beuys, Joseph 43
Bey, Jurgen 150
Bill of Quantities 135
biomorphic and biomimetic design 27, 60,
  94, 95, 97
Block Screen (Gray) 18
boards 142, 148, 149, 153
Boodles jewellery store, London (Jiricna) 91
Bouroullec, Ronan and Erwan see Studio
  Bouroullec

Brand Base temporary office (Most
  Architecture) 87
Brand New View installation (Klingberg) 169
Braque, Georges 62
brass 104, 105
brick 62, 88, 134, 150, 154, 155
the brief 8, 30–2, 42, 47, 48
Brinkworth 35
BT headquarters, Watford, UK (BDP) 67
Buck, Brennan 95, 96

C
CAD (computer-aided design) 37, 93, 95,
  108, 109, 125, 127–8
CAM (computer-aided manufacturing) 93,
  95
Campaign 41
'Camper Together,' Paris and Copenhagen
  (Studio Bouroullec) 9
Capellini furniture 178
cardboard 7, 94, 149
carpet 8, 142
Carruth, Anne-Laure 108
Cartoon Network building, Burbank,
  California, USA (STUDIOS) 22
Casablanca cabinet (Sottsass) 21
Cassatt, Mary 15
Casson Mann 176–7
Castelvecchio Museum, Verona, Italy
  (Scarpa) 7, 9, 26, 92, 153
ceilings 72, 105, 136, 148, 149

Central Saint Martins College of Art, London
    (Stanton Williams) 183
ceramics 89, 141, 142, 150
Chair No. 14 (Thonet) 24, 25
chairs 18, 24, 25, 64, 84, 136
Chalayan, Hussein 44
Chan, Alan 162
Chareau, Pierre 19
Cheval, Ferdinand 86
Cinimod Studios 124
Clam (Spankie) 50
classification of materials 11, 141–3 see also
    properties of materials
Claydon Heeley Jones Mason offices, London
    (Ushida Findlay Architects) 27
clients
    brand identity 30, 31, 40, 56, 164–5
    communicating with 10, 109, 122, 125,
        130, 135, 137
    cost issues 8, 30, 32, 58, 135
    programme issues 8, 30, 32
    in selection of materials 8, 30–2, 47, 55, 58
    visual identity 8, 30–2, 47, 64, 65, 164
Close, Stacey 122
'Clouds' partition (Studio Bouroullec) 97
Cole and Son 73, 149
collage 22, 39, 62, 63, 109, 114, 115, 117,
    123
Color: Communication in Architectural Space
    (Meerwein, Rodeck and Mahnke) 71
colour
    complementary 9, 72, 74, 75
    and light 68, 70, 71, 119
    in selection of materials 8, 9, 60, 61, 70–2,
        74–5, 101
    understanding 74–5
combining materials 8, 46, 50–1
Comme des Garçons, New York (Future
    Systems) 22
communication
    with clients 10, 109, 122, 125, 130, 135,
        137
    construction and post-construction 133,
        135, 137
    drawings 10, 108, 109, 132–4, 163
    material properties 10, 108, 116–19, 134
    models 10, 108, 109, 123
    prototypes 130, 137
    samples 10, 109, 123, 130
    sketches 10, 109, 115
    specifications 10, 133, 135–6
    vocabulary of materials 30, 122
composites 98, 141, 142, 153
computer-aided design see CAD
computer-aided manufacturing see CAM
computer modelling 98, 109
concept stage
    creative process 42–3, 110–13
    drawings 8, 10, 42, 110–19
    material selection 8, 42–7
    models 8, 10, 42, 111, 113, 120–1, 123
    photography 48, 49, 51, 108

samples 8, 42–3, 51, 123
sketches 8, 42, 48, 51, 113
vocabulary of materials 60, 122
concrete 8, 20, 27, 46, 94, 134, 153
construction stage 54, 92, 133, 135, 178,
    180–1
copper 146, 165
Cor-ten steel 84
Cosmic Matter installation (Klingberg) 168,
    169
cotton 51, 94, 100, 149
Cradle to Cradle (Braungart and
    McDonough) 81–2, 83
Cradle-to-Cradle diagram (Desso Carpets)
    80, 82
cultural influences 7, 14, 17, 18–19, 21, 27,
    72, 88–9

D
Dalziel and Pow Design Consultants 31
Damiano, Fiona 78, 128
dARCHstudio 8, 149
databases of materials 11, 82, 156, 157
David Watson Works 84
Day, Robin 24
De Stijl 19
de Wolfe, Elsie 19, 65
design development 54, 109, 113, 125–31
Design Spirits Co. Ltd 85, 148, 162–3
D'espresso Café, New York (nemaworkshop)
    65
Desso Carpets 80
detailing 19, 45, 54, 91–9, 178–81
    and assembly 9, 44, 45, 92, 172, 173
    construction 54, 92, 178, 180–1
    drawings 10, 82, 132–3
    finishes 98, 99, 104, 136
    fixings and fastenings 9, 44, 45, 92, 99,
        100, 102–3
    historical context 92–3
    joints and junctions 9, 54, 102–3
    repeat components 100–1
development of materials 15, 19, 20, 22,
    24–5, 27, 93–4, 154
diaries, visual 99, 100, 102
Diebenkorn, Richard 70
Digestible Gulf Stream, 2008 Venice
    Biennale (Philippe Rahm Architects) 77
digital technologies 27, 66, 93–5, 119, 129,
    154, 155 see also CAD; CAM
disability issues 80
Doc Martens footwear pop-up shop
    (Campaign) 41
Double Drawer (Leefe Kendon) 50
Dow Jones Architects 34
drawings 109
    for analysing sites 8, 36, 37
    'as built' 137
    CAD 10, 37, 93, 95, 125
    for communication 10, 108, 109, 132–4,
        163
    at concept stage 8, 10, 42, 110–19

construction stage 133
conventions 134
    in design development 109, 125
    detail drawings 10, 82, 132–3
    perspective drawings 10, 115, 125
    scale drawings 125, 133
    working drawings 133
    see also sketches
Droog Design 70, 84, 86, 145, 147, 150
Duchamp, Marcel 86
durability 9, 32, 55, 58–9, 141, 150, 151
dynamic of materials 90, 93, 183

E
Eames, Charles and Ray 24
'Ecosheet' 176
Eek, Piet Hein 84, 86, 87
Elding Oscarson 64
environmental issues 81–7, 176–7
    and existing buildings 14, 26, 82
    guidelines 83
    historical context 26, 81
    in selection of materials 8, 9, 26, 82, 83–8,
        144, 151
'étapes' exhibition (2008), Villa Noailles,
    Hyères, France 7
ETH Zurich 155
ethical approach 6, 83, 85, 182
Eurban 34, 177
exhibitions 43, 56, 156, 159, 176–7, 183
existing buildings
    analysing use of materials 32, 36–9, 93,
        102–5, 118–19, 124
    and evironmental issues 14, 26, 82
    old and new, mixing 34, 35, 64, 92, 178
    'reading' 34, 38–9
    selection of materials 7, 8, 33, 34–5, 36,
        64, 174–5, 183
    sensitive interventions 14, 26, 34, 174–5,
        183
    'stripping back' 34–5

F
fashion as an influence 43–4, 45, 124
felt 149
film 142, 143, 145
finishes
    decorative 19, 22, 89, 143, 144, 146, 150
    detailing 98, 99, 104, 136
    environmental issues 83, 85
    see also laminates
fixings and fastenings 9, 44, 45, 92, 99, 100,
    102–3, 142, 146
flakeboard 148
flooring 11, 33, 40, 78, 143, 151, 152, 181
Forsyth, Stephanie (molo design) 170
'Four Drawers' (Marriott) 87
Fred & Fred 150
Freehand Projects 135
fur 19, 152
furniture 64, 124, 178 see also chairs
Future Systems 22, 23

G
Galazka, Iwona 124
Geim, Professor Andre 154
Georges Bar, Pompidou Centre, Paris (Jakob + MacFarlane) 178, 179
'Girli Concrete' (Tactility Factory) 8, 46
Glasgow School of Art, Scotland, UK (Mackintosh) 16, 17
glass 11, 20, 134, 142, 150, 175
Glen Howells Architects 36–7
'Global Tools' exhibition (2002), Helsinki (Veech Media Architecture) 56
Gloss Creative Pty Ltd 54
Gothic Revival 16
Gramazio & Kohler 155
granite 151
graphene 154
Graves, Michael 21
Gray, Eileen 17, 18
Green Guide to the Architect's Job Book (Halliday) 83
Gropius, Walter 19
Guimard, Hector 17

H
Haçienda nightclub, Manchester, UK (Kelly) 21
Hampshire County Architects 67
health and safety issues 59, 82, 83, 182
hearing 39, 68, 80, 88
Heavenly Body Works shop front, New York (Future Systems) 23
Heide, Edwin van der 80
Henderson, Rob (Elbo Group) 95
Heron, Patrick 70
Herzog and de Meuron 137
Hesse, Eva 43
Hewitt, Hazel 46
'Hick's Hexagon' wallpaper (Cole and Son) 73
High-Tech style 21–2
historical context
    cultural influences 7, 14, 17, 18–19, 21, 27
    design movements 16–23
    detailing 92–3
    development of materials 15, 19, 20, 22, 24–5, 27, 93–4
    environmental issues 26, 81
    traditions 7, 14, 17, 93
    twenty-first century 27
HMS Warrior project (Portsmouth University) 110–11
Hoare, Alex 174–5
Hollein, Hans 21
Home installation, 2010 London Design Festival (Neuls and Yeoman) 166–7
Hörbelt, Berthold 82
Horta, Victor 17
House of the Future (Smithson) 25

I
Ice Hotel, Sweden 57

'Ideal House' exhibition (2004), Cologne, Germany (Studio Bouroullec) 14
iGuzzini lighting 178
'Indigo' installation (Bey) 150
Industrial Revolution 15, 17, 19–20, 81
injection moulding 14, 24, 144
innovation in selection of materials 11, 14, 47, 56, 99, 182 see also new and emerging materials
installations 56, 77, 80, 166–9
InteriCAD 6000 software 127
Issey Miyake store, London (Stanton Williams) 183
ivory 152

J
Jacobsen, Arne 24, 180, 181
Jakob + MacFarlane 178–9
Jigsaw interior (Pawson) 23
Jiricna, Eva 91
Johnstone, Emma 50
joints and junctions 9, 54, 102–3
Jump Studios 164–5
Just Now Dangled Still installation (Sze) 112

K
Kawai, Yuhkichi (Design Spirits) 162
Kelly, Ben 21, 62, 63
Kelmscott Manor, Gloucestershire, UK 16
Klee, Paul 70
Klimt, Gustav 18
Klingberg, Gunilla 168–9
knitted materials 46, 47
Koolhaas, Rem (OMA) 10, 21
Kudless, Andrew (Matsys) 94
Kunsthaus, Bregenz, Austria (Zumthor) 69
Kvadrat showrooms, Copenhagen (Studio Bouroullec) 96, 97
Kyyrö Quinn, Anne 149

L
laminates 21, 24, 144, 150, 151
Langley Green Hospital, Crawley, UK (David Watson Works) 84
LAVA (Laboratory for Visionary Architecture) 54, 66
Le Corbusier 20
leather 152
Leefe Kendon, David 50
legal issues 40, 59
Leitner, Bernhard 80
Levi Strauss International projects (Jump Studios) 164–5
libraries of materials 11, 42–3, 82, 156–7, 158
light and materials 59, 68–70, 71, 115, 118–19 see also lighting
lighting
    artificial 15, 41, 46, 70, 71, 115, 170, 172, 178
    natural 70, 115

limestone 40, 151
Litracon 27
Loos, Adolf 20, 44

M
MacAllen, Todd (molo design) 170
Macilwaine, David 67
Mackintosh, Charles Rennie 16, 17
mahogany 148
maintenance issues 58, 59
Maison de Verre, Paris (Chareau) 19
Mandarina Duck Flagship Store, Paris (NL Architects with Droog Design) 70, 145, 147
Manifold installation (Matsys) 94
marble 9, 11, 22, 151 see also travertine
March Studios 82
Marriott, Michael 86
mass production 15, 16, 19–20, 24, 25, 144
Materia 140, 157
Materia Inspiration Centre, Amsterdam 140, 158
Material Lab, London 157, 158
Material Sourcing Company 159
matériO 157, 158
Matsys 94, 95
Maugham, Syrie 19
MDF 148
meaning of materials 43, 50, 51, 60, 88–90, 166–7, 168
Meireles, Cildo 43
Memphis Group 21
metals 51, 58, 83, 94, 142, 146–7 see also aluminium; brass; steel
Mies van der Rohe, Ludwig 20
Milkovisch, John 86
Minimalism 21, 23, 72
MIO 149
models
    for communication 10, 108, 109, 123
    computer modelling 98, 109
    at concept stage 8, 10, 42, 111, 113, 120–1, 123
    in design development 125, 126
    and photography 120, 125
    scale models 120, 125
    sketch 120, 121
Modernism 18, 19–20, 72, 92
molo design, ltd 170–3
Monsoon restaurant, Sapporo, Japan (Zaha Hadid Architects) 60, 147
Mori, Junko 50
Moriarty, Lauren 144
Morris, Sarah 62
Morris, William 16
Morrow, Ruth (Tactility Factory) 8, 46
mosaics 11, 62, 89, 150, 151
Most Architecture 86, 87
Most Curious exhibition, London (Neuls and Saunders) 166, 167
mother-of-pearl 11, 152

Munich Re Group Headquarters, Munich, Germany (Sonnier with Baumschlager and Eberle) 70, 71
Museum of National Textiles and Costume, Qatar (Ushida Findlay Architects) 126
music as an influence 60, 61, 62

N
nanotechnology 154
natural fibres 142
nemaworkshop 65
neon lighting 70, 71
'Nest' lighting (O'Neill) 97
Netherlands Dance Theatre, The Hague (OMA) 21, 22
Neuls, Tracey 166–7
new and emerging materials and processes 24–5, 27, 56, 94–7, 154, 155, 176
99% Cabinets (Eek) 84
Niseko Look Out Café, Hokkaido, Japan (Design Spirits) 148
NL Architects 70, 145, 147
No. 60 Organism (Mori) 50
Noodle Block Light (Moriarty) 144
Nosigner 77
nylon 24, 94, 144

O
Of Standing Float Roots in Thin Air installation (Stockholder) 112
Oktavilla office, Stockholm (Elding Oscarson) 64
OMA 10, 21, 22, 98
On Altering Architecture (Scott) 34–5, 62
100% Design fair, London 156, 159
O'Neill, Rachel 97
online sources of materials 11, 82, 140, 156, 157
Op Art 20, 21, 72
opacity 51, 59, 68, 77
Operations and Maintenance Manuals 137

P
Padova Cratehouse, Padua, Italy (Winter and Hörbelt) 82
Pallasmaa, Juhani 68
panelling 142, 143
Papanek, Victor 26
paper 48, 54, 100, 142, 149, 170, 172 see also wallpaper
paper pulp 149, 153
'Papercut,' Yeshop showroom, Athens (dARCHstudio) 8, 149
Paris Métro entrances (Guimard) 17
Pasut, Robert (molo design) 170
pattern 17, 21, 62, 72, 117, 168–9
Pawson, John 23
perspectives 10, 115, 125
Perspex 142
Philippe Rahm Architects 77
photography
    for analysing sites 36, 37, 102, 104–5, 119

at concept stage 48, 49, 51, 108
    and models 120, 125
    post-construction 137
Photoshop software 37, 108, 128
Piano, Renzo 22, 178
Picasso, Pablo 62
'Pict' glass partitioning (Fred & Fred) 150
Pink Bar, Pompidou Centre, Paris (Jakob + MacFarlane) 178–9
Pirogue Chaise (Gray) 18
Pitti Immagine fair, Florence (Jump Studios) 164
plants 66, 67
plaster 88, 89, 105, 153
plasterboard 134, 136, 153
plastics
    biodegradable 27, 144
    development 19, 24, 25, 144
    laminates 21, 24, 144
    moulded 14, 24, 144
    woven 11, 144
plywood 24, 83, 134, 176–7
Podium software 128
polymers 14, 142, 144–5, 153
polypropylene 24, 144
polystyrene 24, 94
Pompidou Centre, Paris (Rogers and Piano) 22, 178–9
Pop Art 20, 21, 25
Portsmouth University graduation ceremony design (Damiano) 78
Postmodernism 21
'Prada Sponge' material (OMA with Werkplaats de Rijk/Parthesius, Panelite and RAM Contract) 98
Prada store, Los Angeles, California, USA (OMA) 98
presentations 8
Procedural Landscapes 2 (Gramazio & Kohler with ETH Zürich) 155
Produktion Film Company offices, London (Kelly) 62, 63
The Programmed Wall (Gramazio & Kohler with ETH Zürich) 155
properties of materials 35, 50, 55
    acoustic properties 27, 55, 59, 64, 72, 80, 88
    communicating 10, 108, 116–19, 134
    environmental properties 81–7
    fire resistance 59
    functional properties 6, 9, 20, 32, 55–9, 146, 182
    hardness 62, 141, 146, 150, 151, 153
    light transmission 59, 68–70, 115, 150, 170, 172
    plasticity 141, 144, 153
    psychological effects 71–2, 76, 78–9, 88
    relative properties 9, 60–7
    sensory properties 9, 32, 38–9, 60, 62, 68, 70–80, 88, 143
    stiffness 141, 148

strength 59, 141, 144, 146, 148, 150, 153, 178
    subjective properties 88–90
    thermal properties 59
    toughness 141, 144, 150
    water resistance 59, 172
prototypes 24, 98, 130, 137
psychological issues 71–2, 76, 78, 79, 88
PVC 24, 145

Q
Qualia Creative 54
Querini-Stampalia Foundation, Venice, Italy (Scarpa) 7, 26, 104–5
Quinn, Marc 43

R
Raintiles (Studio Bouroullec for Kvadrat) 7
recycled materials 41, 47, 81, 84, 149, 153, 171, 176
Remy, Tejo (Droog Design) 84
Repeat Pattern installation (Klingberg) 168
Republic of Fritz Hansen staircase, London (BDP and TinTab) 180–1
resources for materials 11, 42–3, 82, 140, 156–9
Retrouvius 166
Reuse, Luc (OMA) 10
Rietveld, Gerrit 19
Riley, Bridget 70, 72
Rizer 54
robotics 154, 155
Roc (Studio Bouroullec for Vitra) 7
Rogers, Richard 22, 178
Rothko, Mark 70
Rotterdam studio, Netherlands (Studio Rolf. fr) 33
Royal Alexandra Children's Hospital, Brighton, UK (BDP) 58
Ruaud, Paul 18
rubber 79, 144
Rue de Lota apartment, Paris (Gray) 18
Ruhlmann, Emile-Jacques 18
Ruskin, John 16

S
sample boards 123, 129, 130
samples
    for communication 10, 109, 123, 130
    at concept stage 8, 42–3, 51, 123
    and design development 129–31
    storage issues 42, 43, 156
Sanderson 166
sandstone 151
Saunders, Nina 166
Scarpa, Carlo 7, 9, 26, 92, 104–5
Schröder House, Utrecht, Netherlands (Rietveld) 19
Schwitters, Kurt 62
seagrass 11
selection of materials

analysing use of materials 32, 36–9, 50, 64, 93, 102–5, 118–19, 124, 182
art as an influence 61, 70, 72, 77, 80, 86, 115
the brief 8, 30–2, 42, 47, 48
for buildings under construction 33, 40, 64
and clients 8, 30–2, 47, 55, 58
colour 8, 9, 60, 61, 70–2, 74–5, 101
concept stage 8, 42–7
context of the site 10, 26, 33, 41, 64, 92
conventions 7, 8, 43, 55, 58, 89
cost issues 8, 30, 32, 58, 83, 135
cultural influences 7, 14, 17, 18–19, 21, 27, 72, 88–9
environmental issues 8, 9, 26, 82, 83–8, 144, 151
ethical approach 6, 83, 85, 182
for existing buildings 7, 8, 33, 34–5, 36, 64, 174–5, 183
fashion influences 43–4, 45, 124
form-making 8, 44, 47, 48–9, 101
innovative approach 11, 14, 47, 56, 99, 182
by material properties see properties of materials
music as an influence 60, 61, 62
for newly constructed buildings 33, 40, 64
programme issues 8, 30, 32
for proposed buildings 33, 40, 64
psychological influences 71–2, 76, 78, 79, 88
research 11, 32, 38–9
the site 8, 33–5, 40–1, 64, 174–5
space, creating 8, 26, 47, 110–12, 170–3
sustainability issues 8, 81–7, 148, 151, 153
for temporary sites 33, 40, 54, 55, 56, 57, 64, 166, 174–5
texture 8, 9, 62, 76–7, 80, 101
and tradition 7, 14, 17, 89, 93–4
see also new and emerging materials
Selvatico, Morris 72
Sequential Wall 2 (Gramazio & Kohler with ETH Zurich) 155
Serpent Chair (Gray) 18
Shell Chair (Eames) 24
showrooms 140, 159
Siedlecka, Anna (Puff-Buff Design) 145
sight 68–73 see also colour
Silent Spring (Carson) 26
silk 149
the site
analysing 8, 32, 36–9, 93, 102–5, 113, 118–19, 124
buildings under construction 33, 40, 64
context 10, 26, 33, 41, 64, 92
newly constructed buildings 33, 40, 64
proposed buildings 33, 40, 64
in selection of materials 8, 33–5, 40–1, 64, 174–5
temporary sites 33, 41, 54, 55, 56, 57, 64, 166, 174–5
see also existing buildings
sketchbooks 114, 124

sketches
for analysing sites 36, 102, 103, 104, 113
for communication 10, 109, 115
at concept stage 8, 42, 48, 51, 113
in design development 113
see also drawings
SketchUp software 128
slate 40, 151
'smart' materials 27, 141, 150, 154
smell 68, 72, 78–9, 88
Smile Plastics 84
Smithson, Alison and Peter 25
snagging lists 137
softness 46, 62, 141, 143, 151, 170–3
softwall + softblock modular systems (molo design, ltd) 170–3
softwood 134, 176–7
Son-O-House (Heide) 80
Sonnier, Keith 70
Sony (Los Angeles) (Morris) 62
Sottsass, Ettore 21
space, creating 8, 26, 44, 47, 48–9, 110–12, 113, 170–3
Space Age style 25
Spankie, Will 50
specification sheets 135, 136
specifications 10, 133, 135
Split Vision installation (Klingberg) 168
Sportsmuseum, Flevohof, Netherlands (OMA) 10
St Martins Lane Hotel, London (Starck) 23
Stanton Williams 183
Starck, Philippe 21, 23
steel 20, 22, 24, 27, 33, 84, 146, 153
Stockholder, Jessica 112
stone 58, 88, 94, 134, 142, 151
stucco 22, 153
Studio Bouroullec 7, 9, 14, 24, 61, 96
Studio Lynn 95, 96
Studio Rolf.fr 33
STUDIOS 22
'Superstar' chandelier (Puff-Buff Design) 145
surface 48–9, 101, 168–9
surface decoration see finishes
Surface Design Show, London 159
Surrealism 20, 21, 86
sustainability issues 8, 81–7, 148, 151, 153, 176–7, 182
Suzuki, Kazuhika (Muse-D Co.) 162
synthetics 15, 24, 94, 144, 152, 153
Sze, Sarah 112

T
Tactility Factory 8, 46
Tan, Tony 127
taste 68, 78–9
The Tea (Cassatt) 15
Technicolor Bloom installation (Buck with Elbo Group and Studio Lynn) 95, 96
TECHTILE#3, K Gallery, Japan (Nosigner) 77
temporary installation in church, Lybster, Scotland, UK (Hoare) 174–5

Textile Field installation, Victoria & Albert Museum, London (Studio Bouroullec) 61
textiles 8, 44, 45, 46
texture 8, 9, 62, 76–7, 80, 101, 117, 118
Thonet 24, 25
tiles 7, 8, 96, 97, 149, 150, 151
TinTab 180–1
touch 68, 72, 76–7, 88 see also texture
trade fairs 156, 159
translucency 27, 59, 68, 77, 114, 143, 145
transparency 51, 68, 143, 150
travertine 20, 104, 151
Truman Brewery, London (Brinkworth) 35
Turrell, James 43, 70, 109
Twisted Frozen Yoghurt, Australia (Selvatico) 72
Tyvek 171

U
upholstery 135, 143, 149, 152
Ushida Findlay Architects 27, 126
Utility Scheme 20

V
Veech Media Architecture 56
Victor Horta Museum, Brussels 17
Vienna Secessionists 17–18
Villa Moda, Bahrain (Wanders) 73
Villa Savoye, Poissy, France (Le Corbusier) 20
visualizations 10, 27, 108, 126, 127, 132, 175
Vitra 7, 24
Vitra Home Collection (Studio Bouroullec) 24

W
wallpaper 15, 73, 149
Wanders, Marcel 73
Wassily Chair (Breuer) 24
wastage issues 81, 83, 84
Waterlooville Children's Library, Hampshire, UK (Hampshire County Architects) 67
West Lothian Civic Centre, Scotland, UK (BDP) 40
Wharton, Edith 19
Wheeler, Candace 19
White, Eileen 67
White, Tony 122
Winter, Wolfgang 82
Wirkkala, Tapio 90
Witkowski, Kimberley 54
wood 24, 59, 94, 142, 148, 177
drawing conventions 134
sustainability issues 82, 85, 87, 148, 176–7
see also plywood
'Woodstock' wallpaper (Cole and Son) 149

Y
Yeoman, Nicola 166–7

Z
Zaha Hadid Architects 27, 60, 147
Zumthor, Peter 69

图片来源

T=top, L=left, R=right, C=centre, B=bottom

Front cover softwall + softblock modular system, molo design, ltd.
Back cover Litracon Kft, Hungary, www.litracon.hu
1 David Joseph: 3 ©Paul Tahon and Ronan and Erwan Bouroullec; 6 ©Studio Bouroullec; 7 Rachael Brown; 8L Vassilis Skopelitis; 8T and BR Rachael Brown; 9T Rachael Brown; 9B Muracciole_Ansorg; 10T ©OMA/DACS 2012; 10B Robin Walker; 11 (except TC) ©2004–2010 Mayang Adnin and William Smith, www.mayang.com/textures; 11TC Shell Shock Designs Ltd; 12 courtesy of Zaha Hadid Architects; 14 ©Ronan Bouroullec; 15 Mary Stevenson Cassatt, American, 1844–1926, The Tea, about 1880, oil on canvas, 64.77 x 92.07cm (25½ x 36½ in.), Museum of Fine Arts, Boston, M. Theresa B. Hopkins Fund, 42.178; 16L William Morris Gallery, London Borough of Waltham Forest; 16R ©Sandy Young, Alamy; 17T ©Paul M.R. Maeyaert/©DACS 2012; 17B ©Paul M.R. Maeyaert; 18TL photo: Secession; 18BL courtesy Philippe Garner; 18R The Stapleton Collection, interior with furniture designed by Ruhlmann, from a collection of prints published in four volumes by Albert Levy, c.1924–26 (pochoir print); 19T Jordi Sarrà; 19B Frank den Oudsten/©DACS 2012; 20L Briony Whitmarsh/©DACS 2012 ; 20R Roger Tyrell/©FLC/ADAGP Paris, and DACS, London 2012; 21L photo: Ian Tilton, www.iantilton.net; 21R ©Victoria and Albert Museum; 22 ©OMA/DACS 2012; 23T ©Richard Glover/VIEW; 23L ©Andreas von Einsiedel/Alamy; 23R Comme des Garçons, New York, courtesy AL_A. Commissioned and completed as Future Systems; 24 ©Paul Tahon and Ronan and Erwan Bouroullec; 25 courtesy Thonet; 26 Rachael Brown; 27L courtesy of Zaha Hadid Architects; 27C Ushida Findlay Architects; 27R Litracon Kft, Hungary, www.litracon.hu; 28 photo: Frank Hanswijk, Studio Rolf.fr (www.rolf.fr) in partnership with Zecc Architecten (www.zecc.nl); 30 Rachael Brown; 31 Dalziel and Pow Design Consultants; 33 photos: Frank Hanswijk, Studio Rolf.fr (www.rolf.fr) in partnership with Zecc Architecten (www.zecc.nl); 34T Dow Jones Architects; 34B David Grandorge; 35 Louise Melchior; 36–37 photos: Rachael Brown and Lorraine Farrelly, artworks: Rachael Ball; 38–39 photos: Rachael Brown, artworks: Rachael Ball, Alja Petrauskaite, Amber Hurdy, Maxine Tamakloe, Alexandra Gheorghian; 40 David Barbour/BDP; 41 Rachael Brown; 42L Belinda Mitchell; 42R Rachael Brown; 43 ©The Estate of Eva Hesse/courtesy Hauser & Wirth; 44 ©Reuters/Corbis; 45 Rachael Brown; 46TL and R Tactility Factory Ltd; 46CL Hazel Hewitt; 46CR, BL and R Teresa Dietrich Photography, www.teresadietrich.com; 47 photos: Rachael Brown, artworks: Rachael Ball; 48–49 photos: Rachael Brown, artworks: Kate McDermott, Claire Magri-Overend, Viviana Diaz, Emma Curtis; 50TL photo: James Waddel; 50TR courtesy Junko Mori; 50BL courtesy David Leefe Kendon; 50BR courtesy Will Spankie, www.willspankie.com; 51 photos: Rachael Brown; 52 Rogier Jaarsma, www.rogierjaarsma.nl; 54TL and B Rocket Mattler and Kyle Ford; 54TR Gabrielle Coffey; 56 photos: Mag. Eveline Tilley-Tietze and Stuart A. Veech; client: D. Swarovski & Co; project: Swarovski trade show stand at the BASELWORLD Watch and Jewellery Fair 2008, Basel; project time frame: all stages of concept, design and realization – 11 weeks; design team VMA: Stuart A. Veech, Mascha Veech-Kosmatschof, Peter Mitterer, Ange Weppernig; project and site supervision: VMA, werkraum wien ingenieure; animated graphics: Neville Brody/Research Studios, London; lighting concept: Stuart A. Veech; consulting HVAC: TGA Consulting GmbH; general contractor: Veech Media Architecure GmbH (VMA); subcontractors: Gahrens + Battermann, Deko Trend KEG; 57 Fiona Brocklesby; 58L Sanna Fischer-Payne/BDP; 58R Lorraine Farrelly; 60 Paul Warchol; 61 ©Studio Bouroullec and V&A Images, Victoria and Albert Museum; 62 photo: Christopher Burke, artist: Sarah Morris, image courtesy of Friedrich Petzel Gallery, New York; 63 ©Richard Glover/VIEW; 64 Åke E:son Lindman; 65 David Joseph; 66 Chris Bosse, Peter Murphy; 67TL Hampshire County Council Property Services, interior design with artist Eileen White; 67R Hampshire County Council Property Services; 67BL David Barbour/BDP; 69T Lorraine Farrelly; 69BL and R Rachael Brown; 70T Roger Tyrell; 70B Ralph Kamena; 71 ©Eduard Hueber/archphoto.com; 72T Ben Cole; 72B Rachael Brown and Lorraine Farrelly; 73T Marcel Wanders; 73B Cole and Son; 74T photo: Rachael Brown, artwork: Munerah Almedeiheem; 74B: Rachael Brown; 75 Rachael Brown; 76T Roger Tyrell; 76B Nicola Crowson; 77T and C Noboru Kawaghishi; 77B HATTA; 78 Fiona Damiano; 80 Joke Brouwer; 81 Rachael Ball and Lorraine Farrelly, based on Desso Carpets' diagram; 82L Louis Basquiast; 82R Winter/Hörbelt/©DACS 2012 ; 84TL Eek en Ruigrok; 84TR Gerard van Hees; 84B All rights reserved ©2011 David Watson and Stig Evans; 85T photo: Toshihide Kajiwara, Design Spirits Co. Ltd, Interior Designer: Yuhkichi Kawai; Lighting Designer: Muse_D Inc., Kazuhiko Suzuki & Misuzu Yagi; 85B Rachael Brown and Lorraine Farrelly; 86 Debbie Riddle 2010; 87TL and C Eek en Ruigrok; 87TR David Cripps; 87 bottom three images Rogier Jaarsma, www.rogierjaarsma.nl; 89TL and C Roger Tyrell; 89TR Lorraine Farrelly; 89B Alan Matlock;

90T Alan Matlock; 90B ©Tetsuya Ito; 91 ©Richard Bryant/Arcaid; 92–93 Rachael Brown; 94 Andrew Kudless; 95 photos: Christof Gaggl; Technicolor Bloom credits: Brennan Buck, Freeland Buck with Rob Henderson, Dumene Comploi, Elizabeth Brauner, Eva Diem, Manfred Herman, Maja Ozvaldic, Anna Psenicka, Bika Rebeck; 96T ©Ronan and Erwan Bouroullec; 96B ©Paul Tahon and Ronan and Erwan Bouroullec; 97T ©Paul Tahon and Ronan and Erwan Bouroullec; 97B Glenn Norwood; 98 Phil Meech/©OMA/DACS 2012 ; 99 photos: Rachael Brown, artworks: Rachael Ball, Alexandra Gheorghian; 100CR Rachael Ball, all other images Rachael Brown ; 101 top six images Rachael Ball; 101 bottom three images Rachael Brown; 102–103 Rachael Brown and Lorraine Farrelly; 104–105 Rachael Brown; 106 Ushida Findlay Architects; 108 Fiona Damiano; 109 Anne-Laure Carruth in collaboration with Joanna Lewis; 110 top two rows Rachael Brown; 110 bottom two rows photos: Belinda Mitchell, artworks: Jekaterina Zlotnikova, Erin Hunter, Krishna Mistry; 111 Fiona Damiano; 112L Sarah Sze; 112R photo: Tom Powel Imaging, artwork: Jessica Stockholder, courtesy P.S.1 Contemporary Art Center; 113 left column Michael Bates; 113 right column Rachael Brown; 114TL photo: Belinda Mitchell, artwork: Kendal James; 114BL photo: Nicola Crowson, artwork: Jonathan Adegbenro; 114BR photo: Belinda Mitchell, artwork: Christina Kanari; 115 Paul Cashin and Simon Drayson; 116–117 Rachael Brown; 118–119 Rachael Brown and Lorraine Farrelly; 120T Rachael Brown; 120B photo: Rachael Brown, model: Steven Palanee; 121T Steven Palanee; 121B Rachael Brown; 122L photo: Belinda Mitchell, artwork: Katie Horton and Stacey Close; 122R Rachael Brown; 123TL photo: Rachael Brown, model: Jonathan Adegbenro; 123TR photo: Rachael Brown, model: Dan Terry, Rob Kahn, Jonny Sage; 123BL photo: Rachael Brown, model: Khalid Saleh; 123BR photo: Rachael Brown, artwork: Amy Farn; 124T Iwona Galazka; 124BL and R Cinimod Studios; 125 Sajeeda Panjwani; 126 Ushida Findlay Architects; 127T Robin Walker; 127B Tony Tan; 128 Fiona Damiano; 129 photos: Rachael Brown, presentations, clockwise from TL: Jekaterina Zlotnikova, Zina Ghanawi, Fiona Damiano; 130–131 photos: Rachael Brown, artworks: Natalie Bernasconi; 132–133 Fiona Damiano; 134 Rachael Brown and Lorraine Farrelly; 135 Kvadrat; 136T Peterfotograph/Offecct, Soundwave®Flo; 136B Fritz Hansen; 138 Pawel Korab Kowalski/Puff-Buff; 140 Materia Inspiration Centre; 142–143 metal panelling, metal, wood, stone and flooring ©2004–2010, Mayang Adnin and William Smith, www.mayang.com/textures; all other images Rachael Brown and Lorraine Farrelly; 144L ©2004–2010, Mayang Adnin and William Smith, www.mayang.com/textures; 144R Lauren Moriarty; 145 top row Rachael Brown and Lorraine Farrelly; 145C Ralph Kamena; 145BL Radek Achramowicz/Puff-Buff; 145BR Pawel Korab Kowalski/Puff-Buff; 146TL, TR, BL Rachael Brown and Lorraine Farrelly; 146BR ©2004–2010, Mayang Adnin and William Smith, www.mayang.com/textures; 147T Paul Warchol; 147B Ralph Kamena; 148L Toshihide Kajiwara; 148TC Rachael Brown; 148TR and BC Rachael Brown and Lorraine Farrelly; 148CL and R ©2004–2010, Mayang Adnin and William Smith, www.mayang.com/textures; 148BR Bamboo Flooring Company, www.bambooflooringcompany.com; 149TL and TR Rachael Brown; 149TC Cole and Son; 149BL Vassilis Skopelitis; 149C and BR ©2004–2010, Mayang Adnin and William Smith, www.mayang.com/textures; 150T ©Studio Fred & Fred; architect: Studio 54; project: Exhibition EURATECHNOLOGIE, Lille, France; 150C Levi's; 150BL and C ©2004–2010, Mayang Adnin and William Smith, www.mayang.com/textures; 150BR Rachael Brown; 151 ©2004–2010, Mayang Adnin and William Smith, www.mayang.com/textures; 152 top row ©2004–2010, Mayang Adnin and William Smith, www.mayang.com/textures; 152BL Shell Shock Designs, Ltd, www.shellshockdesigns.com; 152BR Zoubida Tulkens; 153T and CL ©2004–2010, Mayang Adnin and William Smith, www.mayang.com/textures; all other images Rachael Brown; 155 ©Gramazio & Kohler, ETH Zürich; 156TL 100% Design; 156BL and R Rachael Brown; 158TL ©matériO; 158TR Materia Inspiration Centre; 158B Matthew Stansfield/Material Lab/Boomerang PR Ltd; 159L Rachael Brown; 159R ©100% Design; 160 Nicolas Borel; 162 Barry Johnson; 163 Design Spirits Co. Ltd; 164–165 Jump Studios; 166 TN29; 167L photo: Uli Schade; footwear: Tracey Neuls; sculpture: Nina Saunders; textiles: Sanderson's; 167R Nicola Yeoman and Tracey Neuls; 168–169L and B Matthias Givell – Bonniers Konsthall, Stockholm, Sweden, courtesy Gunilla Klingberg and Galerie Nordenhake/©DACS 2012 ; 169TR Peter Geschwind, courtesy Gunilla Klingberg and Galerie Nordenhake/©DACS 2012; 170–173 molo design, ltd.; 174–175 Alex Hoare, Lybster, June 2010; 174TC Waterlines Museum, Lybster; 176–177 photos: John Maclean for Casson Mann; lead exhibition design: Casson Mann; graphic design: Nick Bell; interactive exhibition strategy: All of Us; lighting: dha design; 178 Nicolas Borel; 179 Jakob + MacFarlane; 180 Sanna Fisher-Payne/BDP; 181 photos: Stephen Anderson, drawings: BDP and TinTab; 183T ©Peter Cook/VIEW; 183B ©Hufton + Crow/VIEW

作者致谢

如果没有这么多的人花费时间来讨论他们的想法，并为本书出版提供信息，那么这本书将不可能出版。我们享受合作的过程并对此非常感激。

特别感谢朴茨茅斯大学的高级讲师贝琳达·米切尔（Belinda Mitchel），在我们开始本书写作时所提供的很多有意义的讨论，同时也要感谢她对于材料的感觉特性和材料思维表达所提供的内容[贝琳达的一些观点来自于《空间的感觉体验》（The Sensory Experience of Space）（2008年）一书，这本书是贝琳达·米切尔和凯特·贝克（Kate Baker）所进行的研究项目。艺术家、舞蹈家和舞台设计师也参与其中]。还要感谢艺术家、讲师兼材料库管理员克莱尔·昆曼（Clare Qualmann），她对艺术家和他们所用材料及分类提供了富有启发性的想法；此外还要感谢设计师兼历史学家麦特·希尔德（Mat Sheard）对于材料历史的独到见解。

感谢以下朴茨茅斯大学的学生：戴维·霍尔登（David Holden）进行摄影，助理研究员艾米·沃克（Amy Walker）十分耐心而细致地为作者提供帮助；雷切尔·保尔（Rachael Ball）和霏欧娜·德米亚诺（Fiona Damiano）为本书提供了设计项目和绘图。我们还要感谢朴茨茅斯大学建筑系的许多其他学生，他们或参与项目与练习，或为本书的内容提供支持，在此无法一一列举出所有学生的姓名。

此外，我们衷心感谢那些为本书慷慨提供资料的设计人员，特别是本·凯利设计事务所（Ben Kelly Design）的本·凯利，布尔沃斯公司（Brinkworth）的凯文·布伦南（Kevin Brennan）和跳跃工作室的西蒙·杰克逊（Simon Jackson），他们都参与讨论了其在室内设计中使用材料的方法。本书中所有提到的设计师都提供了大力的支持，并提供了其设计项目的信息，这些项目我们希望对作者、对未来的设计师们具有启发性。

最后，我们必须感谢劳伦斯·金出版社编辑团队的支持：感谢菲利普·库珀（Philip Cooper）在本书撰写中所给予的鼓励，编辑莉斯·法伯尔（Liz Faber）的支持和引导，制作总监金·韦克菲尔德（Kim Wakefield）和设计师约翰·让德（John Round）的大力支持。

译后记

2008年，我曾翻译《建筑设计的材料表达》（Materials for Design）一书并出版，无独有偶，5年后，我又翻译完成《室内设计材料》（Materials and Interior Design），可谓前者的姐妹篇。虽然这两本译著的研究对象有建筑、室内的不同，但总体来看，这两本图书，均结合典型实例对材料在设计中的应用、表达等内容进行了非常实际和具有启发性的说明，是针对室内设计和建筑专业学生以及设计师们颇具实用性的参考书籍和设计手册。

这本书中文名为《室内设计材料》，主要内容包含了其中的三个主要关键词：室内设计、材料、表达。与以往更注重空间形态与构成要素的室内设计体系有所不同，本书将材料性作为设计创作的一种切入角度，强调其在设计过程和建造项目发展中的关联性和整合性，具有很好的指导作用。

在华中科技大学出版社建筑分社编辑的努力与协助下，本书中文版的审校过程与其他同类翻译图书相比要短得多，保证了本书引进版权之后以最快的速度出版中文译本，为广大读者送去专业性、时效性俱全的参考资料，其中相当数量的建成案例至今仍未在国内同类专业图书及杂志上进行过详细介绍，从这个意义上来说，本书是近年来兼具室内设计方法学和国外建成室内设计案例内容的图书中，为数不多的几本具有收藏价值的译著之一。

本书在翻译过程中尽量使译文忠实于原著，并力求文字通俗易懂，对于文中所涉及的材料特性与技术细节等内容都一一译出，以供读者理解和参考。但限于译者水平，书中若有疏漏之处，望读者不吝赐教。

本书得到2012年国家自然科学基金项目面上项目（项目号：51278228）、2013年江苏省社科基金一般项目（项目号：13YSB012）、2011年江苏省高校哲学社会科学研究重点项目（项目号：2011ZDIXM015）、中央高校基本科研业务费专项资金（项目编号：JUSRP21149和JUSRP51318B）、2012年度江苏省高校"青蓝工程"优秀青年骨干教师项目等基金项目的资助。

2013年7月12日于江南大学